マンガde 主婦にもできる

家電製品の修理

わたし、町の電気屋さん開業しちゃいます！

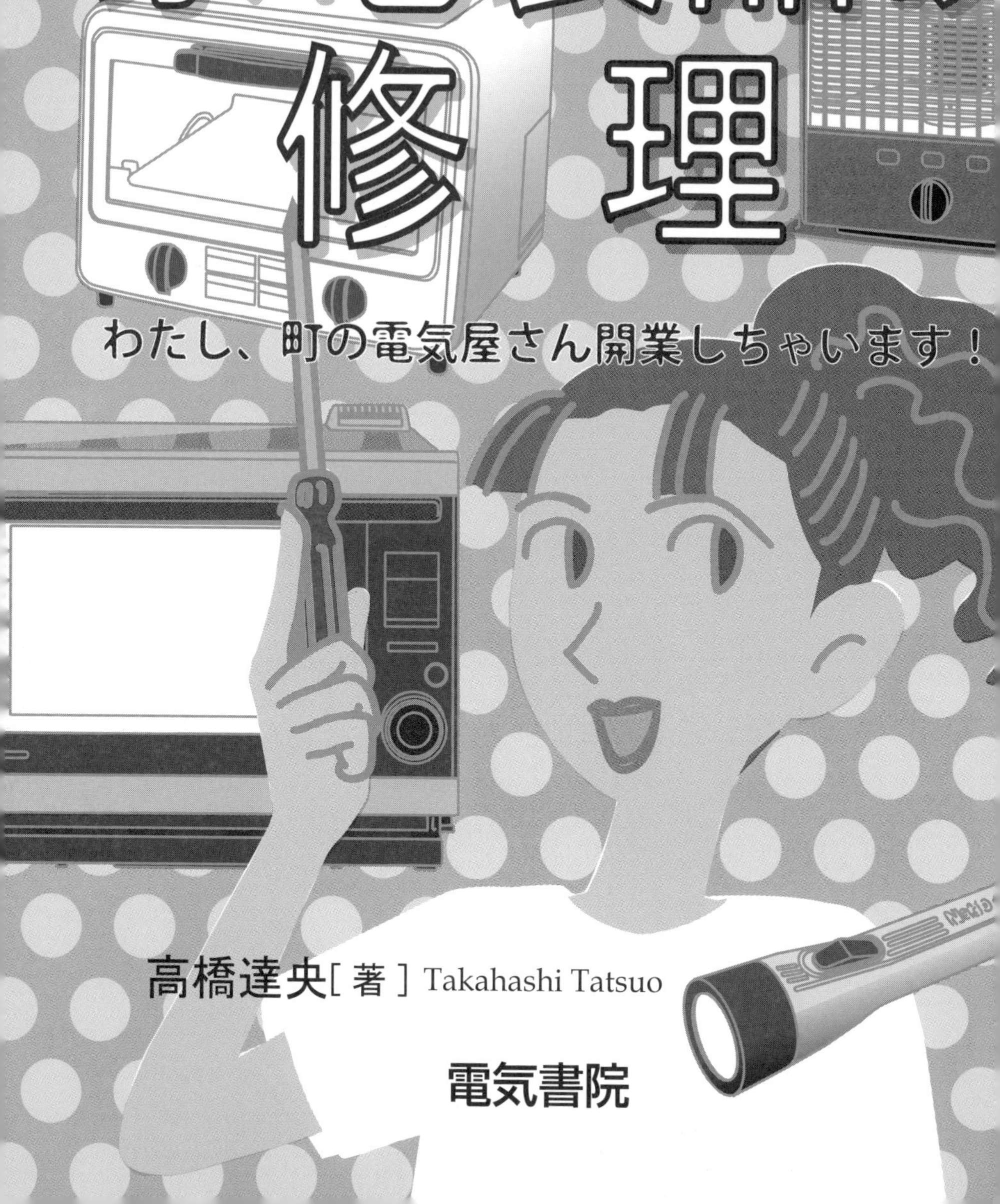

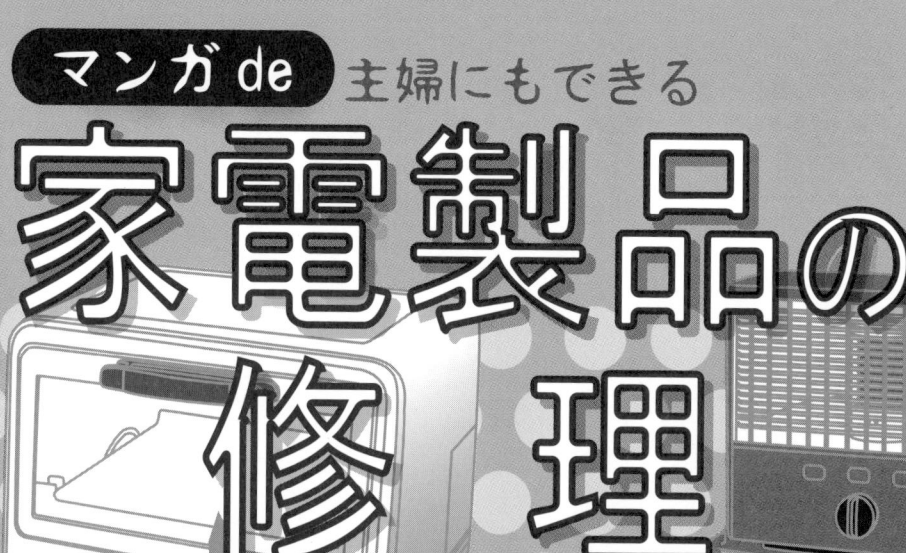

高橋達央［著］Takahashi Tatsuo

電気書院

前書き

以前は、自宅の電気製品が壊れたら、できるだけ自分で修理して、長く使い続けたものです。

まず自分で直せるかどうかを調べ、直せるようなら自力で修理しました。もしも自力で修理できないようなら、町の電気屋さんに持っていって直してもらったものです。その方が、新しい電気製品を買うよりよっぽど経済的でしたから。物を捨てるというのは、もうこれ以上は使えなくなったからやむを得ずに捨てる、という感覚でした。したがって、完全な廃品、つまりゴミとして廃棄したものです。

電気製品に限らず、自転車もイスも家具も、すべて直せる物は直して使っていました。

そうした、当たり前のことが当たり前だった時代というのは、およそ２０年ほど前までだったでしょうか。

ところが、現代はというと、まだ十分に使える物まで捨ててしまうという、実に不自然な世の中と言わざるを得ません。

かつての、壊れたら直して使うのが当たり前だった時代、電気屋さんは、電気製品を売るだけでなく、修理することも大事な仕事でした。ですから、お客さんと電気屋さんとの距離がものすごく近かったものです。

家電製品のどこが壊れたとか、いつ頃から調子がおかしいとか、言葉のキャッチボールが多い分だけ、親しみがあったんですね。それと、近所の電気屋さんですから、顔馴染みだということもありました。電気屋さんに行って、たとえ買い物をしなくても世間話をして帰ってくる、それくらい電気屋さんは身近だったんですね。

今でも、もちろん、町の電気屋さんは修理をしてくれます。それは以前と何ら変わりません。道で会っても、やあどうしてるとか、雨が降りそうだとか、何らかの言葉を交わしてすれ違います。たとえ言葉を交わす時間がなくても、お互いが元気であることが確認できれば十分です。

ところが、修理をしない電気屋さんが現れたのです。それが、量販店です。

量販店が登場したのがおよそ２０年前ですから、物を大事にしなくなった時期とほとんど同じ頃です。

量販店に、壊れた電気製品を持っていけば、修理はしてくれます。ところが、量販店が、自社で修理をするのではなく、メーカー等に修理を依頼しているんですね。つまり、お客さんから修理を受注して、修理という仕事を他の業者に丸投げする形です。

ようするに、受注した仕事をトンネルするだけで利益になるというわけです。もちろん、修理によって量販店が得る利益は、お客さんの修理費に上乗せされて請求されます。

だから、量販店の修理代は高いのです。町の電気屋さんの修理代と比べて、かなり高いと思ってください。

まぁ、量販店の考え方というのは、壊れたら修理をするより買った方が得、ということです。彼らは、お客さんが新製品を買ってくれなければ商売になりませんから、新製品を低価格で販売し、修理するより新品を買った方が得なんだということを、お客さんに納得してもらうことが大事なわけです。

量販店が登場した当初、テレビのＣＭでは、

「３割４割当たり前～！」

なんてやっていました。

メーカーの希望価格から3割か4割を引いて売ってくれるわけですから、お客さんにすれば得をした気分になります。じゃあ、買ってみるかという気にもなるわけです。

つまり、そうした脳ミソへの刷り込みが、大量消費時代を招く事にもなったわけです。

ただし、これはいくつかの要因のひとつということです。

最近の量販店は、お客さんから下取りした中古品も扱っており、登場した当初とは若干営業スタイルが変わってきております。しかし、基本的な営業方針は同じです。

ところで、２０年前はというと、日本の経済が急成長を遂げ、一億中流意識といわれたように、各ご家庭が裕福になってきた頃です。その頃に、全国に家電の量販店が登場し、壊れた製品を修理して使うより、新機能の付いた新製品に買い換えた方が得なんだという意識が生まれてきました。各ご家庭にテレビが数台あって、一人一台などともいわれました。

前書き

そうした時代背景があって、経済の底上げとリンクするかのように、量販店が全国に登場してきたのです。お金がたくさんあれば、誰しも修理するより新製品を買いたいと思うようになるわけです。中流意識というのは、生活するお金に不自由しないということでしょうから、何も壊れた電気製品を修理して使わなくても新品を買い換えればいいじゃないか、お金はあるんだしと、思うわけですね。

ところが、まもなくして日本経済は大転換期を迎えたのです。

バブル経済の崩壊です。

地価が大幅に下落したことによって、銀行が多額の不良債権を抱えてしまいました。そのために、銀行経営が苦しくなり、銀行は企業への融資を渋る形となりました。いわゆる、貸し渋りですね。そのために、中小企業は経営のための融資を受けられず、会社の倒産とリストラの嵐が日本中を席巻することになりました。それまで右肩上がりで増え続けると予想されたお給料も、増えなくなったのです。

その後の日本経済は、長い間、バブルの後遺症から立ち直れずにいました。そして、ようやく平均株価も上昇し、明るい兆しが見えかけたときに、今度はアメリカ発の金融恐慌による未曾有の大不況を迎えたのです。

このリーマン・ブラザース発の大不況は、１００年に一度の大不況とも言われています。せっかく立ち直りかけた日本経済の膝を、横からドンと蹴られた形ですね。痛くて、思わずしゃがみ込んでしまったのが、今の日本の状態です。

さぁ、物が売れません。私たちの財布に、お金がないのです。お金がなかったら、家財道具でも何でも、より大事に扱い、壊れたら修理して使うのが知恵というものです。

ところが、経済の状況が以前とは大きく変わったというのに、日本人の意識はどうでしょうか。あまり変わっていませんね。古くなったり、あるいはちょっと故障した家電製品を、平気で捨てて新製品を買うという意識は、どうにも変えられないでいるのです。

贅沢に慣れると、なかなかそれまでの環境に戻れないのかもしれません。よく、一度でもスポットライトを浴びたことのある芸能人は、なかなか普通の人の生活には戻れない、と聞きますが同じようなものですね。

修理をすればまだまだ使えるのに、実に勿体ないことです。

量販店では、多くのメーカーさんの新製品がズラリと陳列されております。そして、広いフロアには商品ごとの区画が設けられており、お客さんが商品を選びやすいように陳列されています。しかも、通常の価格よりかなり安く売られているので、お客さんは得したような感覚になります。

こうした、商売という一義的な観点だけで判断するなら、とても町の電気屋さんに勝ち目はないように見えます。なにしろ、低価格というのは絶対的な目玉ですから、お客さんサイドにすれば、安い量販店で買いたくなるのは致し方ないところです。さらに、量販店はポイントカードの導入で、お客さんの購買意欲を駆り立てるように工夫しています。

それなら、町の電気屋さんに勝ち目は全くないのかというと、違います。

全国の町の電気屋さんは、淘汰されることなく、元気に営業活動に励んでおります。新装オープンした量販店のすぐそばにあっても、立派に営業しているのです。

間違いなく、勝ち目があるのです。

なぜでしょうか?

それは、扱う商品が同じであっても、営業の展開方法が異なっているからです。

まず、量販店の最大の武器は、大量の品揃えと低価格です。量販店にとっては、「商品を売ること」が大前提ですから、大量の品揃えも低価格も、そのための戦略なわけです。他店より1円でも安く価格を設定して売る、それが量販店のモットーです。

したがって、お客さんとはほとんど売り買いの付き合いだけですから、量販店の店員さんとの距離は、町の電気屋さんに比べたらあまりに遠いと言わざるを得ません。

たとえば、商品を買ったときの店員さんの顔を、後になって思い出そうにもほとんど覚えていません。

「あれ?このテレビを買ったときの量販店の店員さんて、どんな人だったっけ?」

つまり、売ったら売っただけ、買ったら買っただけ、というのが量販店との付き合いなのです。

時には、高額な電気製品を、量販店を通じて修理に出すこともあります。
そこで、買った量販店に、壊れた電気製品を持っていったとしましょう。
すると、量販店の対応はこうです。
「うちは、修理はほとんどメーカーさんに出しているので、保証期間が過ぎた場合の修理は有料になります」
しかも、冷蔵庫やテレビなど、量販店に持って行けないほど大きな電気製品ですと、量販店が業者に依頼して出張修理を行っています。その場合は、修理費だけでなく、主張費用が別途加算されることになっています。
つまり、量販店というのは、基本的に電気製品を売ることだけが商売なのです。売った商品の修理は、別会社がやってくれるという考え方なわけです。ようするに、量販店の商売に、アフターケアは含まれないということです。
町の電気屋さんと量販店の大きな違いは、ここなのです。
量販店は商品を売るだけですが、町の電気屋さんは売ったあとのケアまで行き届いています。そして、このアフターケアが、町の電気屋さんが量販店という強敵と競合しながらも、元気に生き残っていける要因のひとつです。
町の電気屋さんに壊れた電気製品を持っていくと、単純な修理ならその場で無償でやってくれたりします。ところが、量販店の場合、ちょっとした故障や、あるいは故障ではなく単なるバックアップ電池切れであっても、新品の電気製品の買い換えを勧めてきたりします。
それは、量販店にとって、「売ることが商売」だからです。修理しただけでは商売にならないのです。ですから、ちょっと手を加えるだけでトラブルが解決するような場合であっても、新しい電気製品に買い換えてほしいわけです。
そのように、量販店とお客さんとの間には、売り買いだけの商売の関係だけしかありませんから、両者の距離がものすごく遠いですね。つまり、親近感がわかないということです。
ところが、町の電気屋さんは違います。電気製品の販売と修理をセットで商売していますから、お客さんとの距離がものすごく近いです。ですから、お客さんは電気屋さんにトラブルを相談しやすいし、世間話までできるわけです。
そうした世間話からでも、次の商売につながっていくケースが多々あります。
たとえば、お客さんのお子さんが結婚して近所に住むことになったから、電気製品を丸ごと新調したいと言ったとしましょう。すると、町の電気屋さんが割安で全製品を販売したりするわけです。

あるいは、エアコンが壊れているわけでもないのに、かなりの年数使っているからそろそろ新調したいと思っていると、お客さんが言ったとしましょう。すると、時期を見て、お客さんのニーズにあったエアコンを売ることができます。

そのように、町の電気屋さんとお客さんの距離が近いことで、商売が上手く回転していくわけです。

電気を知らない方にとっては、電気製品のトラブルは本当に困ります。そうしたトラブルを無償でやってもらえたら、この上なく嬉しいものです。電気屋さんにとっては簡単な作業であっても、タダで直してもらったお客さんにとっては、感謝したい気持ちで一杯なわけです。

さらに、町の電気屋さんが元気に生き残っていける要因があります。

それは、免許を持っていて電気配線ができることで、電気製品の設置や新築一般家屋の屋内配線工事が自由にできるということです。これは大きな武器です。最近は、法改正によってエアコンの設置などの一部の工事は、資格なしでもできるようになりましたが、さすがに電気工事士の資格なしで屋内配線の工事はできません。

この免許があれば、工務店さんと一緒になって配線工事ができるだけでなく、新築住宅に設置する照明器具やエアコンなどを一切販売できたりします。さらに、そのお宅の照明器具などのメンテナンスを担当することで、その他の電気製品の販売に結びつけることも可能になります。

また、町の電気屋さんは、様々な資格を持っていることが多いので、そうした資格で量販店に対抗していけるのです。電話の工事や火気取り扱いなど、量販店にはない武器がたくさんあります。

ところで、電気屋さんは、商売ですから修理ができて当たり前ですね。

しかし、一般の方が電気製品を修理できたら、これはすごいですよね。

回りの方やご家族からは感謝されるし、尊敬されることもあるでしょう。とくに、お子さんに対しては、親として誇れることだと思います。

趣味が電気修理という方が、これから増えていくかもしれませんね。ぜひ、そうあって欲しいものです。スポーツや囲碁将棋もいいでしょうが、電気修理という趣味もお勧めです。

電気修理の楽しさを味わっていただけたら、こんなに嬉しいことはありませんね。

修理をしたことのある人ならわかるでしょうが、なにしろ楽しいですよね。

それに、電気製品を修理しながら長く使えたら、経済的というだけでなく、環境にも優しいわけです。エコとかクリーンとか、環境に優しい行為というのは、これからの時代の方向性のようなものです。

ちなみに、電気修理は、決して難しくありません。それに、一度始めたら、時間が経つのも忘れるほど、ものすごく楽しいです。

個人的なことですが、我が家の電気製品は、故障があればすぐに私が修理してしまいます。ですから、今でも古いタイプの電気製品をたくさん使っています。自分としては、古かろうが何の不満もないのですが、さすがに機能が古くなって、家族から新しい機能の付いた電気製品を求められると、いた仕方なく新製品を購入します。

一度修理した物には、愛着が湧くんですね。ですから、修理して使っているテレビやラジカセなどの電気製品を、新製品が出たからといってすぐに買い換えるのには抵抗があるわけです。勿体ないですよね。

電気製品に限らず、自転車やコウモリ傘など、何でも修理して使っています。おそらく、修理の経験のない方からすると、よくやるなぁ、買っちゃった方が楽なのに、と思うでしょう。

ところが、修理することが楽しいのです。直ったときの喜びは、卓球の試合に勝ったときと同じです。満足感に満たされて、ああやったぞ、と最高に嬉しくなります。あ、ごめんなさい、卓球は私の趣味でした。

本著では、ご家庭でよく使われる電気製品の、ごく一般的なトラブルと修理の方法を紹介しました。ぜひご参考になさってください。

どの分野も、趣味が高じて職業になされる方がおられるように、電気修理も同様で、職業に発展することが十分に可能です。町の電気屋さんを開業するとなると、量販店との勝負になりますので、量販店にはない色を出すことで、町の電気屋さんは十分に戦っていけます。

本著では、そうした町の電気屋さんの奮闘ぶりを、修理の手順と併せて紹介してあります。地域に密着した営業形態で、これからの時代を切り開いていくのです。

人の心と心の関係が希薄なっている現代にあって、人間的なふれあいは新たな商売の方向を模索する上での重要なキーポイントです。

おそらく、これからの時代、人情と優しさ溢れる町の電気屋さんは、きっと素敵な商売になることでしょう。だいいち、物を大事に環境に優しい仕事が歓迎される世の中でなくては、正しい世の中とはいえないでしょう。

ところで、電気屋さんは、なろうと思えば誰でもなれるのです。

もちろん、営業資金は別ですよ。

単に開業するだけでしたら、実は資格はまったく必要ないのです。

ただ、商売として電気屋さんをやっていくには、それなりの資格があった方が絶対に有利なわけです。

本著では、そうした資格についても紹介してあります。

電気の修理は、地球に優しくご家庭の家計簿の助力にもなります。本著によって、多くの方々が電気に親しみ、ご自分で修理ができるようになられんことを、切に望んでおります。

私は、「趣味は？」と聞かれたら、「卓球と電気修理」と答えるようにしています。

とくに、「電気修理」という趣味には、ほとんどの方が食い付いてきますね。そこから親しくなったり、初めてあった人とも会話が弾むようになります。

しかも、女性の方で趣味が電気修理といったら、周囲の方々の関心を集めること間違いなしでしょう。

私は男性ですが、女性の方で電気修理が趣味であると聞いたら、お話しせずにはいられないでしょうね。

「あなたのご趣味はなんですか？」
「電気修理です！」
２０１０年３月吉日

高橋　達央

目次

第一章　電気屋さんは誰でもなれる……1
第二章　どんな資格を持っているの……51
第三章　これだけは欲しい便利な資格……86
第四章　どんな仕事をするの……111
第五章　どんなことができるの……132
第六章　こんな修理はお手のもの……140
第七章　いろいろな修理を見てみよう……179

第八章　こんな修理もある……215
付録　家電の修理に必要な道具……261
電気用図記号……264

★登場人物

●関野　今日子
主婦。３２歳。電気製品の修理に興味を持ち、本気で町の電気屋さんを開業しようと考える。

●関野　大介
３４歳。今日子の夫で、家族出版社の編集課長。

●関野　智弘
三坂小学校３年２組。

●杉内　祐子
今日子の大学時代からの親友。

●杉内　健介
祐子の夫で、スギウチ電器店を経営。

●加納　弘子
祐子の親友。

第一章　電気屋さんは誰でもなれる

春の
うららかな
お昼どき。
関野今日子。　主婦。
32歳。
子供が小学校で
給食を食べるようになり、
お弁当を作らなくて
よくなった分だけ
暇になりました。
昼食は
ひとり
だから
お夕飯の残りと
あったかい
出来たてのご飯が
あればいいわ
カパッ

え～ッ
ご飯が炊けてないのぉ！
ウッソォ～
もお～ちゃんとスイッチ入れたのにィ～
しんじらんないなぁ～～
きっと炊飯器壊れちゃったんだ…
あ～あたった2年で壊れちゃうなんて…
チュルチュル…
カップ

電器の
量販店
どんなものをおさがしでしょうか？
ジャーが壊れちゃったんですぅ
どちらでお求めになりました？
ここよ
2年前にここで買ったのよ
いつもご利用いただきありがとうございます
ですがお客様2年前ですと保証期間が過ぎておりますので…
残念……
だけどたった2年で壊れちゃうなんて…ねぇ！
簡単に直んないもんなの？
当店では修理はやっておりませんので…

え！
そうなの…
やだ！ここじゃ修理はやってないの…
はい修理となるとメーカーさんに送って直していただくことになりますので修理代がそれなりにかかりますよ
それに修理の日数もかかりますからその間ご飯を炊くことができないことに…

そうよね…
キラッ
どうでしょう！新しいのをお求めになられては！
ズイッ
修理代や修理の日数を考えたらその方が良いと思いますよ！
……

あれ！
ママ新しいの買ったんだ
そう！お昼に壊れちゃったのよ～
新しい炊飯器でご飯炊いたからきっと美味しいわよ～
へ～
関野智弘。練馬区立三坂小学校3年2組。オモチャが大好きです。

カチャリ…
パパお帰りなさい
おー大介
ただいまー
ママね新しい炊飯器買ってきたんだって
今日のお昼ご飯食べようと思ったらジャーが壊れてたのよ～
そりゃあ大変だったな～
関野大介。３４歳。今日子の夫で家族出版社の編集課長。趣味は音楽鑑賞。
でお昼はどうしたの？
これよ～
あははは
災難だったなぁ～

そのかわり晩ご飯は新しい炊飯器で炊いたからおなか一杯食べちゃうわよー
あははは ママらしいや！

じゃあ食べようか…

どうしたの？
まさか　また壊れたってことはないよな
新品だもんな…
はは
そ　そのまさかなのよ～
うっそぉ～！
どうなってんの？
知らないわよ～
結局、その日の関野家の主食は、カップ麺になってしまいました…。

翌日―
奥さん おはよー
あら キネタさん おはようございますぅ～
どしたの 朝から 不機嫌そうに…
……
そりゃあ 炊飯器が 壊れたんじゃ ないな
話を聞くと おそらく テーブル タップが 原因だろう
はは～
え！

テーブルタップ…？
たぶんね
あるいは炊飯器のコードかな
テーブルタップって何ですか？
はっはっ
今 あんたが言ってたコンセントから炊飯器までの延長コードだよ
ああ あれね
差し込み口が2～3個付いてるやつでしょ

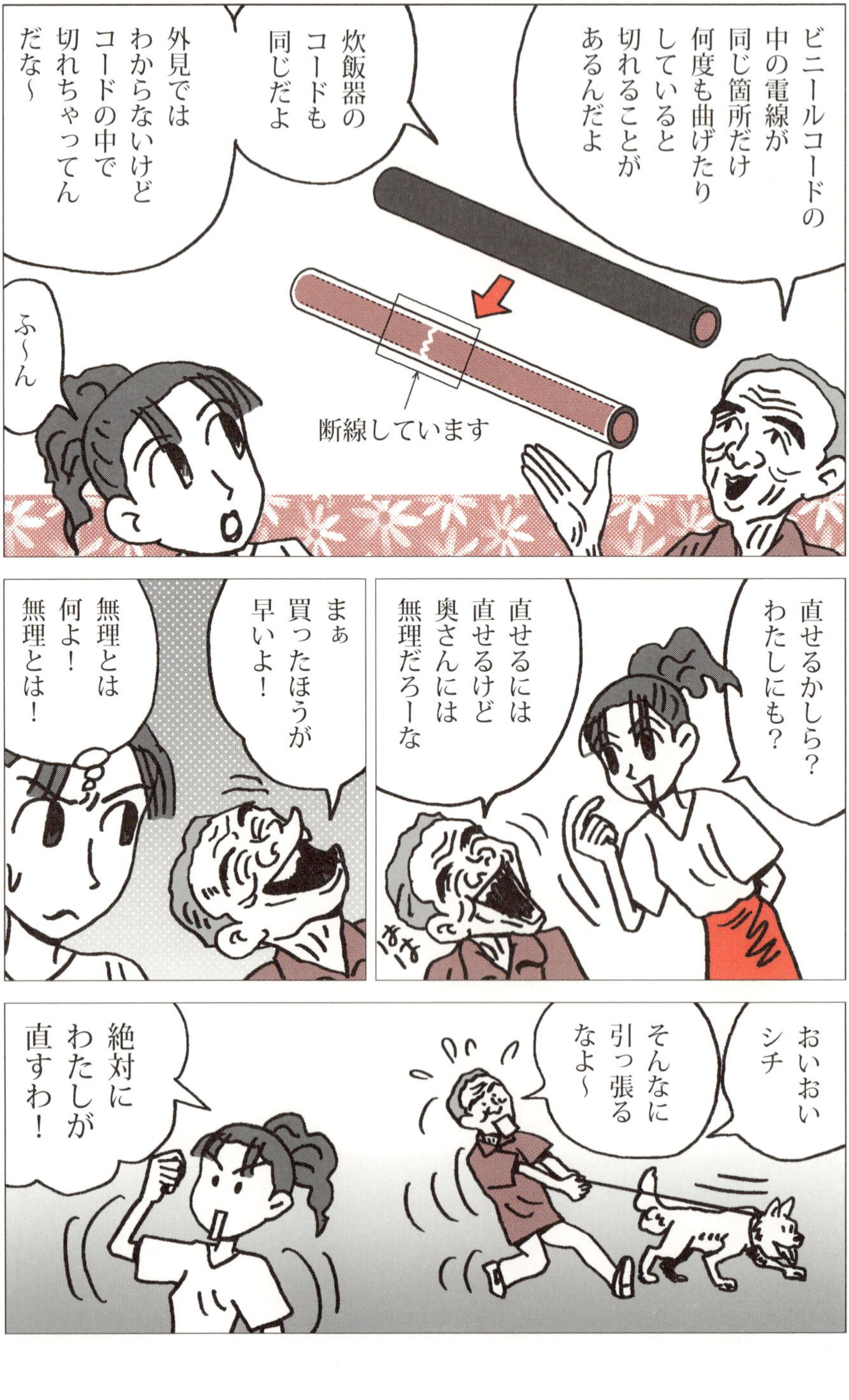
ビニールコードの中の電線が同じ箇所だけ何度も曲げたりしていると切れることがあるんだよ
炊飯器のコードも同じだよ
外見ではわからないけどコードの中で切れちゃってんだな～
断線しています
ふ～ん
直せるかしら？わたしにも？
直せるには直せるけど奥さんには無理だろーな
はは
まぁ買ったほうが早いよ！
無理とは何よ！無理とは！
おいおいシチ
そんなに引っ張るなよ～
絶対にわたしが直すわ！

…でも どうやったら 中の電線が 切れてることが わかるの…？
それに どうやって 直すのよ～
へにゃあ～～

電器の量販店
テーブルタップ
しょうがない
買うしか
ないわね…
テーブルタップを
お探しですか?
……
ムカッ
もう
やだ!
あの店員の
ニヤついた
顔を見たら
買いたくなく
なっちゃった
あ〜
だけど
困っちゃっ
たな…

ビニールの中の電線なんてどこが切れてるかなんてわかりっこないわよ〜
やだぁ〜
いつも、コードが食器棚の角などで折れた状態で使っていると、この折れた箇所で電線が断線していることがあります。

もおぉ～
ぐにゃ
ぐにゃ
ぐにゃ…
……
あら？
ここだけ
くにゃくにゃして
柔らかいわ
まるで
電線が
入っていない
みたい…
きっと
ここで
電線が切れて
いるのね！

え〜とドライバー
ドライバーと…
あった！
ううっ緊張するなぁ〜
ファイトー
おー
くるくる……
あら！意外と単純じゃないの！
ドライバーで、ねじを回すだけなら簡単です。

切れているんなら
この先の電線は
もういらないわね…
パチン
でもって
残った電線の
先っちょを
元の電線と
同じように
調整すれば
いいんだわさ…
ポイ
カッターで
やってみよう
かしら…
あら…
ちょっとばかし
長さが異なるわね…
あらら
今度は反対側が
短く
なっちゃった…
ほんじゃ
こっちを
短くしてと…
チョリ
チョリ
チョリ…
チョリ
チョリ
カリ
カリ
カリ

TATSUO
Takahashi Tatsuo
めーん
カップ
ママ　何やってるの?
テーブルタップ修理してんの…
おなか空いたなぁ〜
ぐうぅ〜

そして午後7時…
ただいまー
やったぁ！ついにできたわぁ！
どうしたんだ今日子？
うふふ 炊飯器の故障じゃなくてこのテーブルタップが原因だったのよ！
それを修理したのよぉ！
そ そんなに短くして…

でも…
はは　どう見ても　短すぎる　よね…
これで　いいじゃん！
でもって　ご飯が炊けたら　炊飯器だけ　テーブルの上に　持っていけば　いいでしょ
そりゃ　そーだ！
なるほど！
修理にだけ　夢中になっていて　そこまで頭が　回らなかったわ…

そして午後8時…
おいしい～
だけど今日子根気よく修理したもんだね～
それよぉ！
夢中で修理してたら時間が経つのを忘れちゃって～
でもって完成したときはものすごく嬉しかったわ！
30センチのテーブルタップでも完成したって言うのかなぁ
えへへ…

数日後、今日子の大学時代からの親友杉内祐子が、一年ぶりに訪ねてきました。

…や～だ今日子ったらぁそんなに短くなったテーブルタップじゃ使えないじゃないのぉ～
あははははは

でも あんた よく自分で 直したわね
それは ほめて あげるわ
ねえ ドライバー 貸して！
はい…
サンキュー
…祐子！ あんた できるの？
テーブルタップ くらい 簡単よぉ
だって わたしのだんな 電気屋だもの…
あ！ そーだった わね！
祐子のご主人 電気屋さん だったわね！
今日子！
あんた これ コンセントに 差し込まなくて よかったわ
これじゃあ ショート してた わよ！

ほらね!
線と線が触れちゃってるでしょ…
たたしかに…
でショートって?
や~だ今日子ぉ
あんたショートも知らないの?
知らない
たしか野球でショートはあったわね…
うーん…

ほらね　こっち側とこっち側のむき出しになった電線が接触しているでしょ　これがショートよ
つまり　電線を通る電流が決められた道順を通らずに近道しちゃうのよ
なるほど！
近道だからショートなのね
それでショートするとどうなるの？
ブレーカがおちるわね
ふ〜ん
今日子！
ショートすると大きな電流が流れるのよ

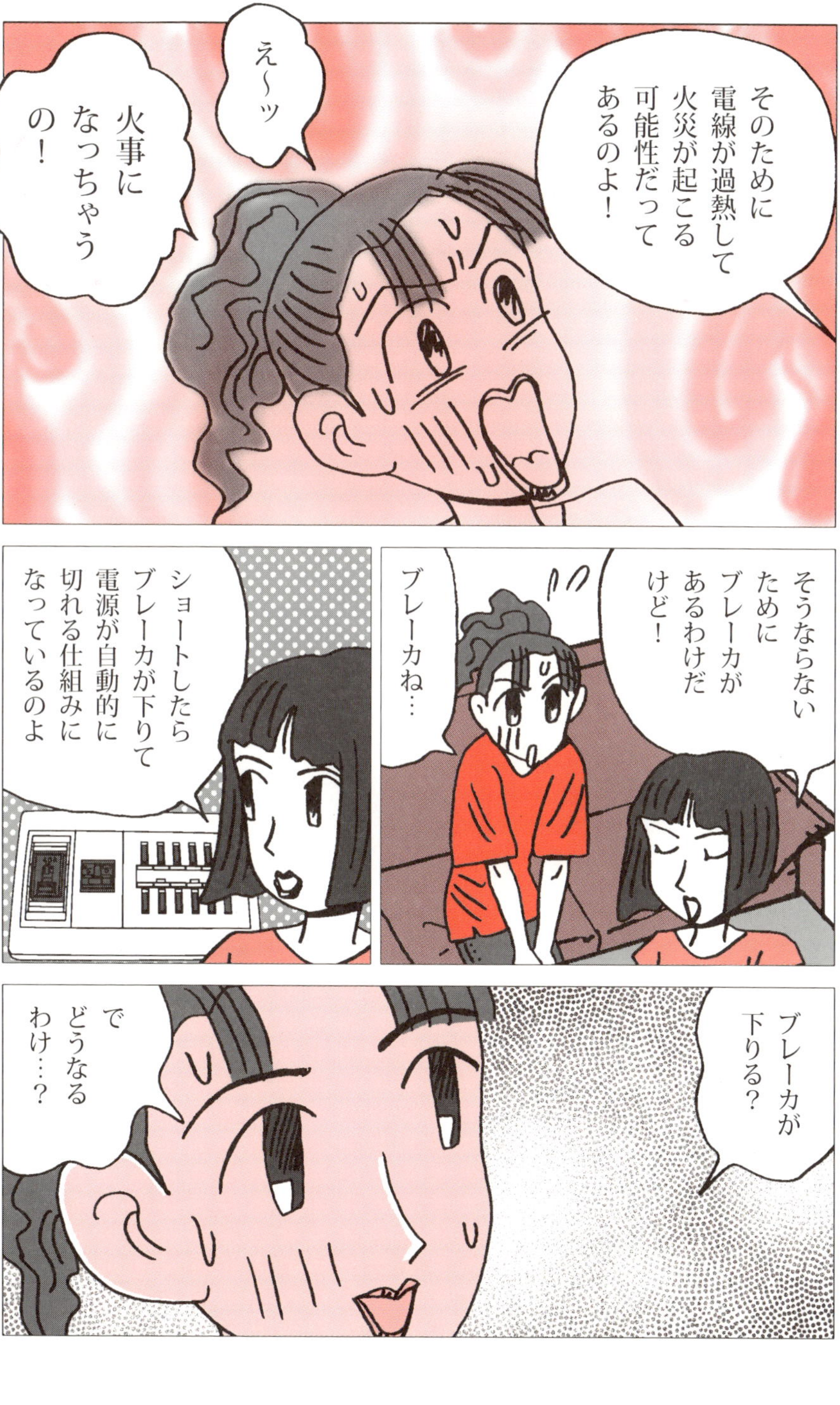
そのために電線が過熱して火災が起こる可能性だってあるのよ！
え〜ッ
火事になっちゃうの！
そうならないためにブレーカがあるわけだけど！
ブレーカね…
ショートしたらブレーカが下りて電源が自動的に切れる仕組みになっているのよ
ブレーカが下りる？
でどうなるわけ…？

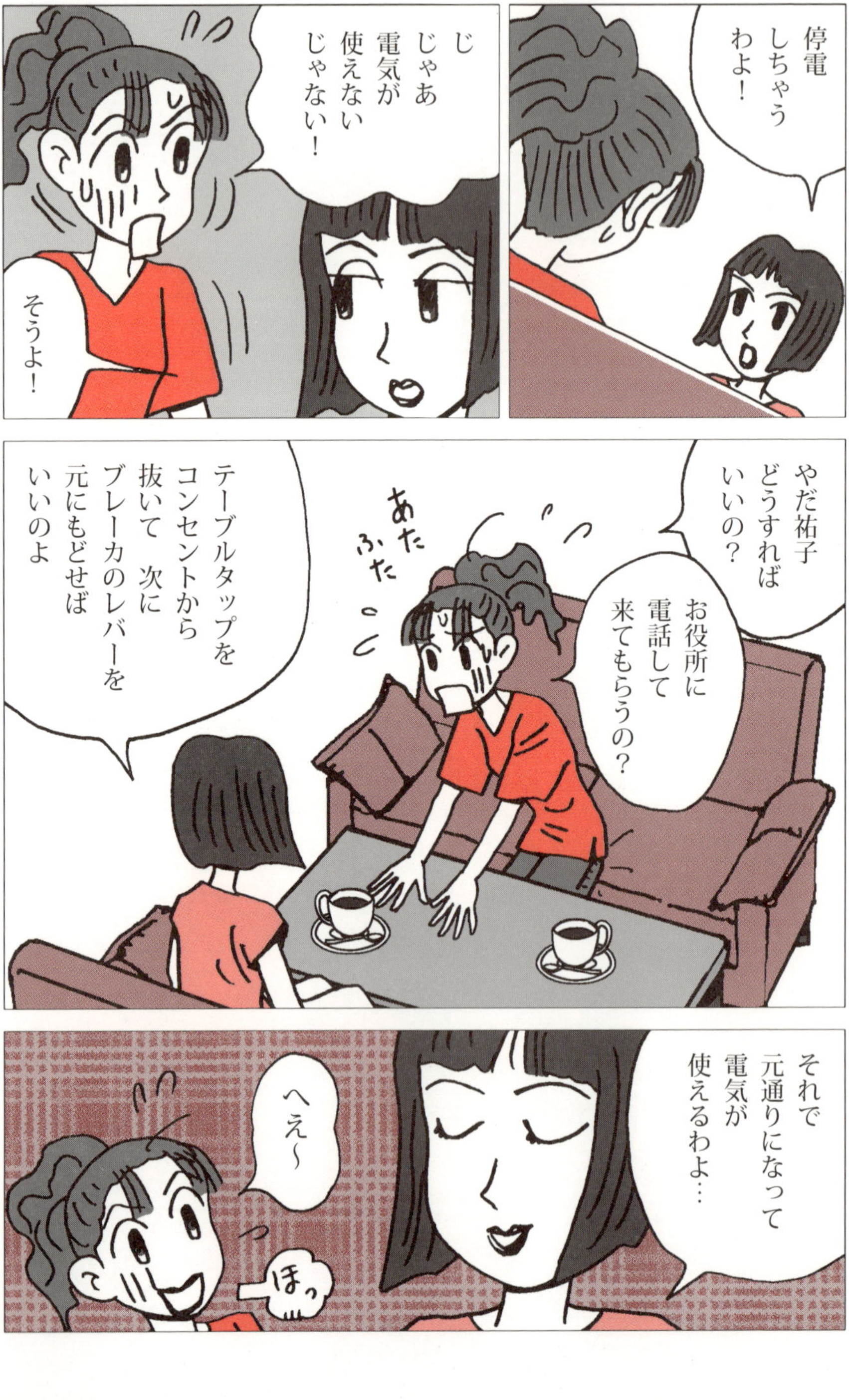
停電しちゃうわよ！
じじゃあ電気が使えないじゃない！
そうよ！
やだ祐子どうすればいいの？
お役所に電話して来てもらうの？
あたふた
テーブルタップをコンセントから抜いて　次にブレーカのレバーを元にもどせばいいのよ
それで元通りになって電気が使えるわよ…
へえ～
ほっ

《テーブルタップとコードの接続》

線がバラけてショートすることを防ぐには、圧着端子が便利です。コードの先6㎜ほどをむいて圧着端子の筒に通し、それを圧着ペンチでつぶします。そして、テーブルタップの端子ねじで固定します。

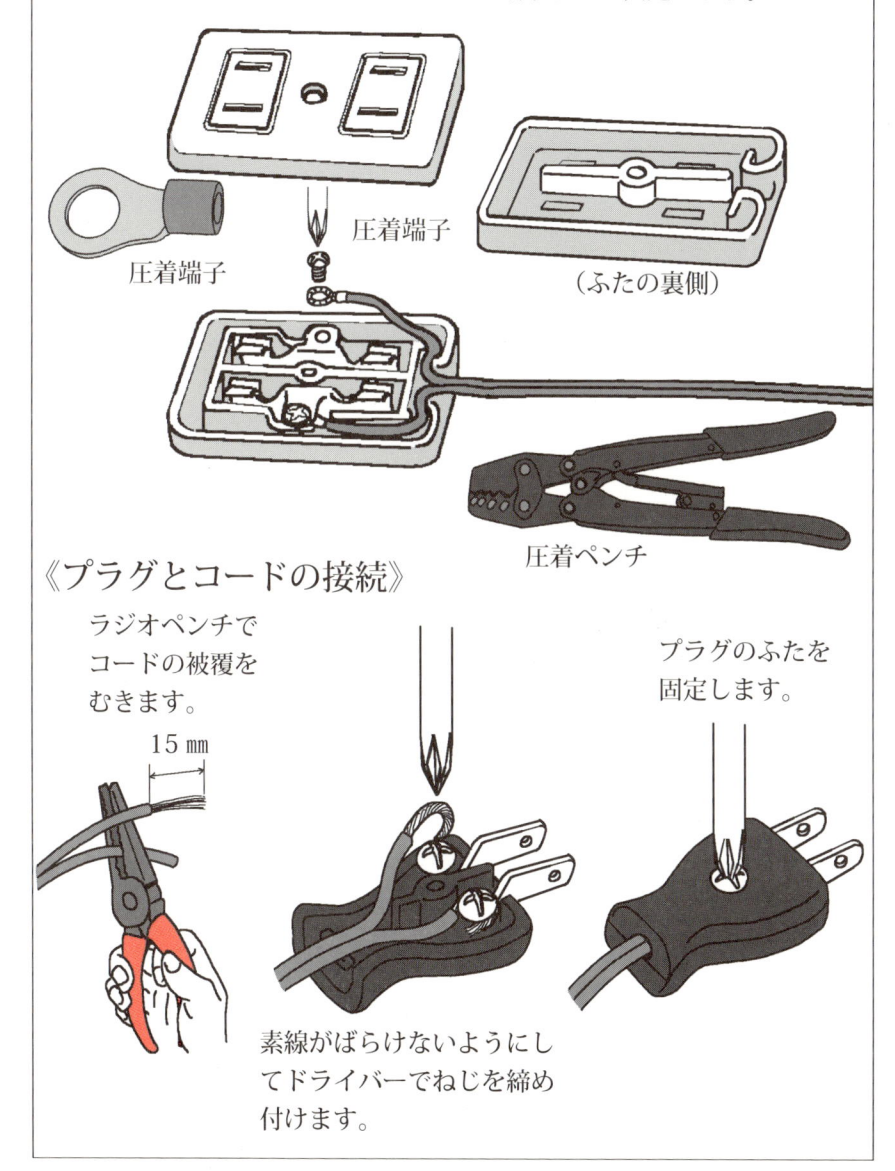

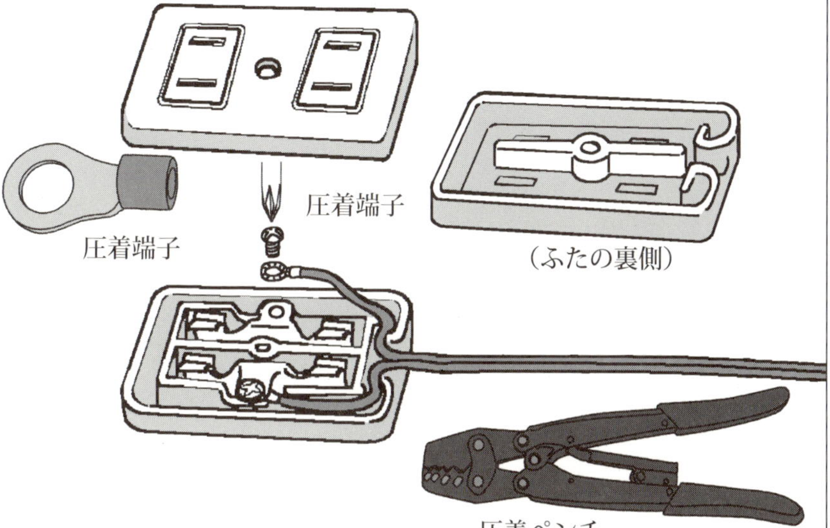
圧着端子
圧着端子
（ふたの裏側）
圧着ペンチ

《プラグとコードの接続》

ラジオペンチでコードの被覆をむきます。

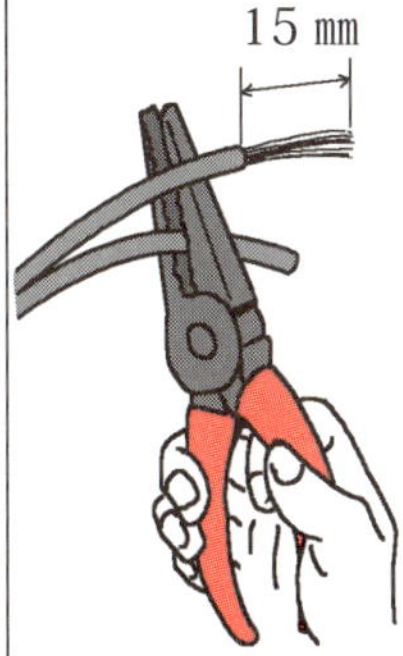
15 ㎜

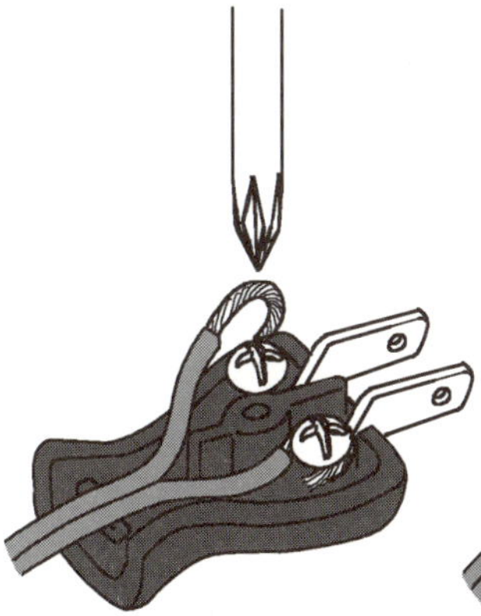

素線がばらけないようにしてドライバーでねじを締め付けます。

プラグのふたを固定します。

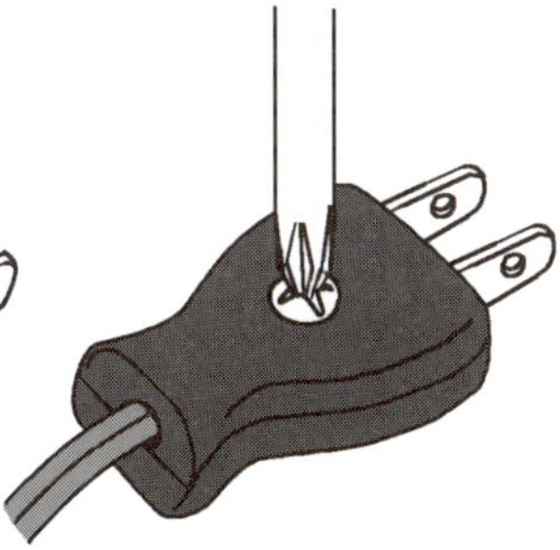

電気って
ものすごく
身近じゃない
なのに
電気で
トラブっちゃうと
自分じゃあ
何にも
解決できないの
よね…
ほとんどの人が
電気は苦手よ…
でも
そうした人のために
祐子のご主人のような
町の電気屋さんが
必要なんでしょ
そういう
こと！
電気製品が
壊れたり
調子が悪いときには
うちのような
電気屋が
便利なのよ
うん
わかるわ！

…テーブルタップを開けるときの祐子の手際よさ
カッコよかったわよ
あらそう～
わたしも電気…
やってみようかな…

え〜 今日子が 電気を？
な〜んか 似合わない なぁ〜
あはは
あら！ そんなこと ないわよぉ！
わたしって 案外 手先が 器用なんだからぁ
へへんだ！
どうだか…
それに テーブルタップを 修理したときの 満足感…
忘れられない のよね〜

趣味が電気修理！
う〜〜ん
珍しくていいかも！
うん決めた！
わたし祐子のご主人のお弟子さんになる！
ぶふっ
ということでよろしくね祐子！
え……
えええ〜ッ

…それで祐子さんのご主人はなんて？
ご主人の返事は聞いてないけどたぶん大丈夫でしょ
だって祐子とは大学時代からの親友なんだしぃ
いいのかなぁ迷惑なんじゃないの…
祐子さんてどこに住んでいるんだっけ？
足立区よ…
そして…
練馬区から足立区って案外遠いのね…

え～と……
……
今日子ー
GIUCHI
スギウチ電器店
あ！祐子！

こちら大学時代からの親友で関野今日子よ
今日子ですよろしくお願いします！
祐子がいつもお世話になっております健介といいます
今日子さんのおうわさはいつも祐子から聞いてますよ
よく来てくださいました
さっそくですが弟子にしてください！
ズイッ
あはははは
ななによ祐子〜
笑うことないじゃないよぉ！

だって今日子ったら本気で弟子にしてくださいなんて言うんだもの
あら
わたしは本気よ！
今日子さん電気のことならいくらでも教えてあげますよ　でも弟子というのは勘弁してくださいよ～
そうよぉ職人や格闘家じゃないんだからいまどきお弟子さんなんて言わないわよ～
ふ～～ん
わたしが弟子をとったなんて聞いたら仕事仲間やご近所の人たちにからかわれちゃいますよ
そうそう
それもそうね～えへへへへ

カラン
カラン…
いらっしゃい
このファクシミリだけどさぁよく紙が詰まっちゃうんだよ
古い型だからもう買い替えたほうがいいのかなぁ
どれどれ…
《コンセント》
《モジュラー》
カチャッ

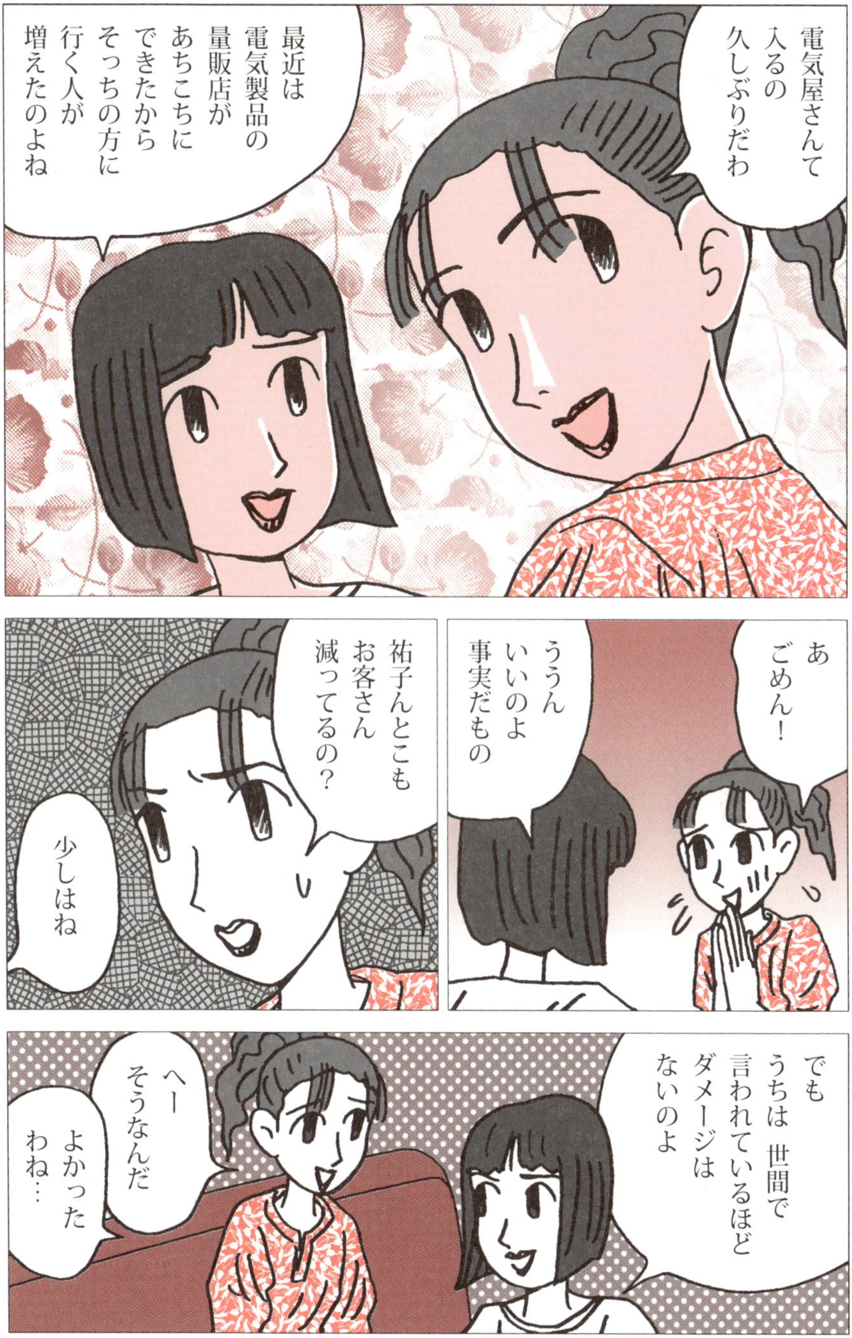
電気屋さんて入るの久しぶりだわ
最近は電気製品の量販店があちこちにできたからそっちの方に行く人が増えたのよね
あ ごめん!
ううん いいのよ 事実だもの
祐子んとこもお客さん減ってるの?
少しはね
でもうちは 世間で言われているほどダメージはないのよ
へー そうなんだ よかったわね…

だけど　どうして祐子んとこの電気屋さんはダメージが少ないのかしら…？
ねえ今日子ちょっとのぞいてみる？
勉強になるかもよ
そうね！
やあ祐子さんこんにちわ
伝法寺のご住職いらっしゃいませ
ピ

ツーーー・・
紙が　途中で　ひっかかっちゃったね…
でしょ〜　やっぱり寿命かなぁ　ナンマンダブ…
ご住職　これは壊れているんじゃないよ
ローラーが汚れているだけだな
すぐに直りますよ
そうかね！
ギュッ
カパッ

給紙ローラーを、きれいに拭き取ります。
給紙ローラー
これでよしと…
ためしに　店のファクシミリに送ってみます…
パポパ…
あ！出ましたね！
ツツ…ツ…ツ……
スギウチ電器店
スギウチ電器店
スギウチ電器店
これで大丈夫です！

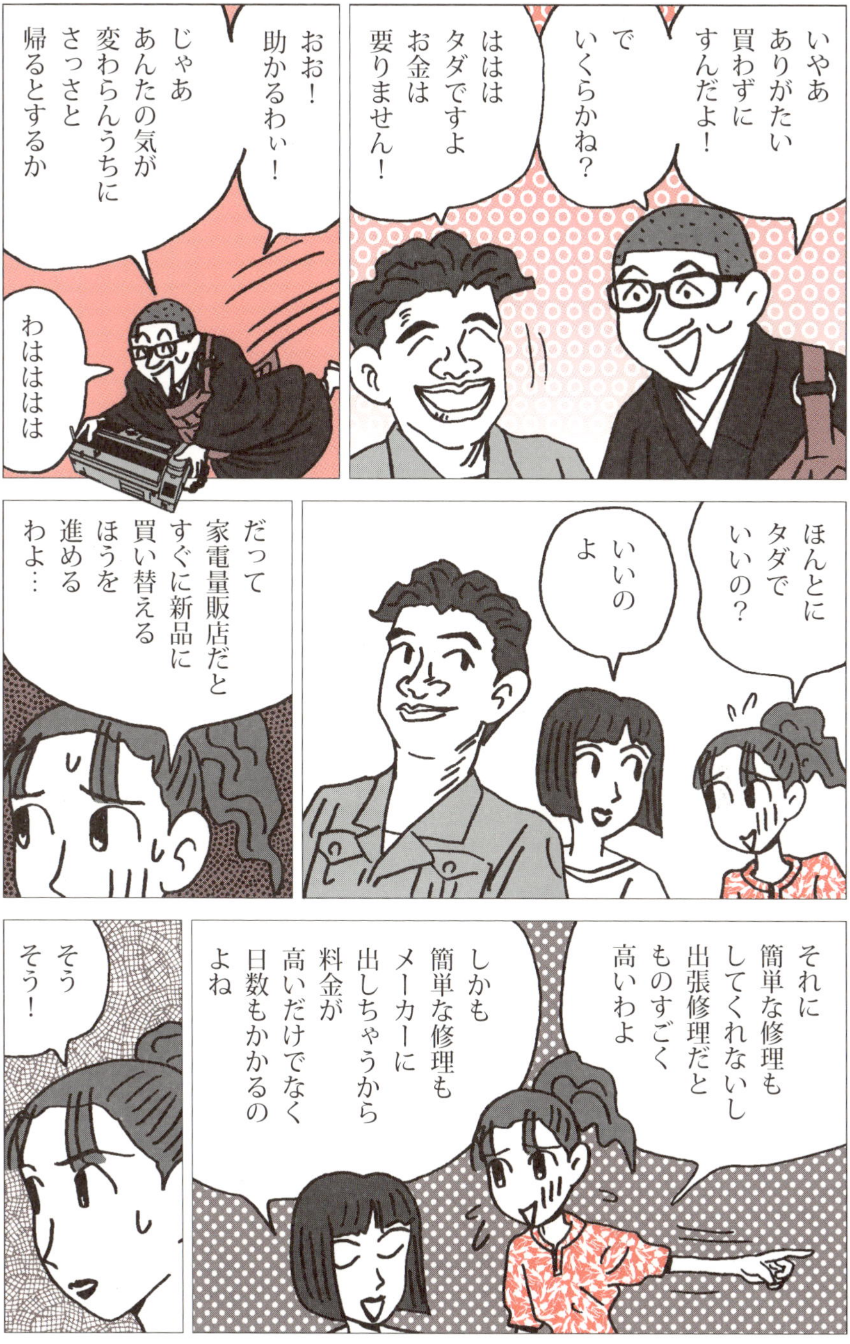
いやあ ありがたい 買わずに すんだよ！
で いくらかね？
ははは タダですよ お金は 要りません！
おお！ 助かるわぃ！
じゃあ あんたの気が 変わらんうちに さっさと 帰るとするか
わはははは
ほんとに タダで いいの？
いいの よ
だって 家電量販店だと すぐに新品に 買い替える ほうを 進める わよ…
それに 簡単な修理も してくれないし 出張修理だと ものすごく 高いわよ
しかも 簡単な修理も メーカーに 出しちゃうから 料金が 高いだけでなく 日数もかかるの よね
そう そう！

ところが　うちでは出張修理もタダでやっていますよ
へえ〜
もちろんその場で修理しちゃいます
でも　部品を交換したりもするんでしょ…？
ええ！交換した部品代はいただきます
しかし量販店のよう出張料金まではいただきませんよ！
ふ〜ん
町の電気屋さんてすごく良心的なんだ…
さっきも言ったけど量販店が増えてもダメージが少ないというのはそこなのよ
つまりキメ細かなサービスがあるからお客さんが離れていかないのよ

もちろん それだけじゃ ないですけどね
私どもが 町の電気屋として 生きていけるのには 他にも たくさん理由は ありますよ！
まぁ 少しずつ 話して あげますよ
そうなん だ…
電気屋さん か…
カッコ いいな…
どんな資格が あれば 電気屋さんが 開業できるの かしら…？
あのぉ 電気屋さんに なるのって どんな資格が いるんです か？
あら 電気屋って 資格なしで 誰でも なれるわよ！

えぇ～ッ
そうなの？
うん
様々な資格があれば便利だけど開業するだけなら特別な資格は必要ないわよ！
そうなんだ！
誰でもなれるんだ！
「誰でも」って言われるとちょっと傷つくなぁ…

ガタン
ゴトン……
…祐子幸せそうだったな
だんなさんもいい人だし…
…電気屋さんてカッコいいわよ
わたしもなろうかな電気屋さん…
電気屋さんになれるかどうかは別として…
今日子が電気の修理できるようになってくれたらわが家としては大助かりだなぁ

そうね
電気オンチの夫じゃあリモコンの電池交換もできないものね
おいおい電池交換ならできるよ！
パパそれくらいぼくにもできるよ
てことはおれは小学生レベルってことか…
やれやれ
ところでパパ…
女性の電気屋さんて多いの？
そういや電気屋さんて男っぽいイメージだよな
だったらママが電気屋さんになったらカッコイイと思うよ

うん 珍しいかも な…
それに ママ 美人だから 絶対に カッコイイよ！
まぁ たしかに 美人だな…
決めた！ ママ 電気屋 さんに なる！
余計なこと言って 調子に 乗せちゃったかな
でも どうせ 三日坊主だろう けど…
智弘ぉ あんた 新しいオモチャ 欲しいって 言ってたわね
これで 買いなさい ね
ありがとう！ ママ！

何してんの？
ねえ　最近ファクシミリ紙づまりとかしてない？
してない
う～ん残念！
わけわかんないなぁ～？

第二章　どんな資格を持っているの

行ってきまーす
行ってらっしゃーい
さてと…
電気機器
太陽電池
電気回路
電磁気学
電気応用
あぁ～
くらくら～
電気ってやっぱし難しいよぉ～

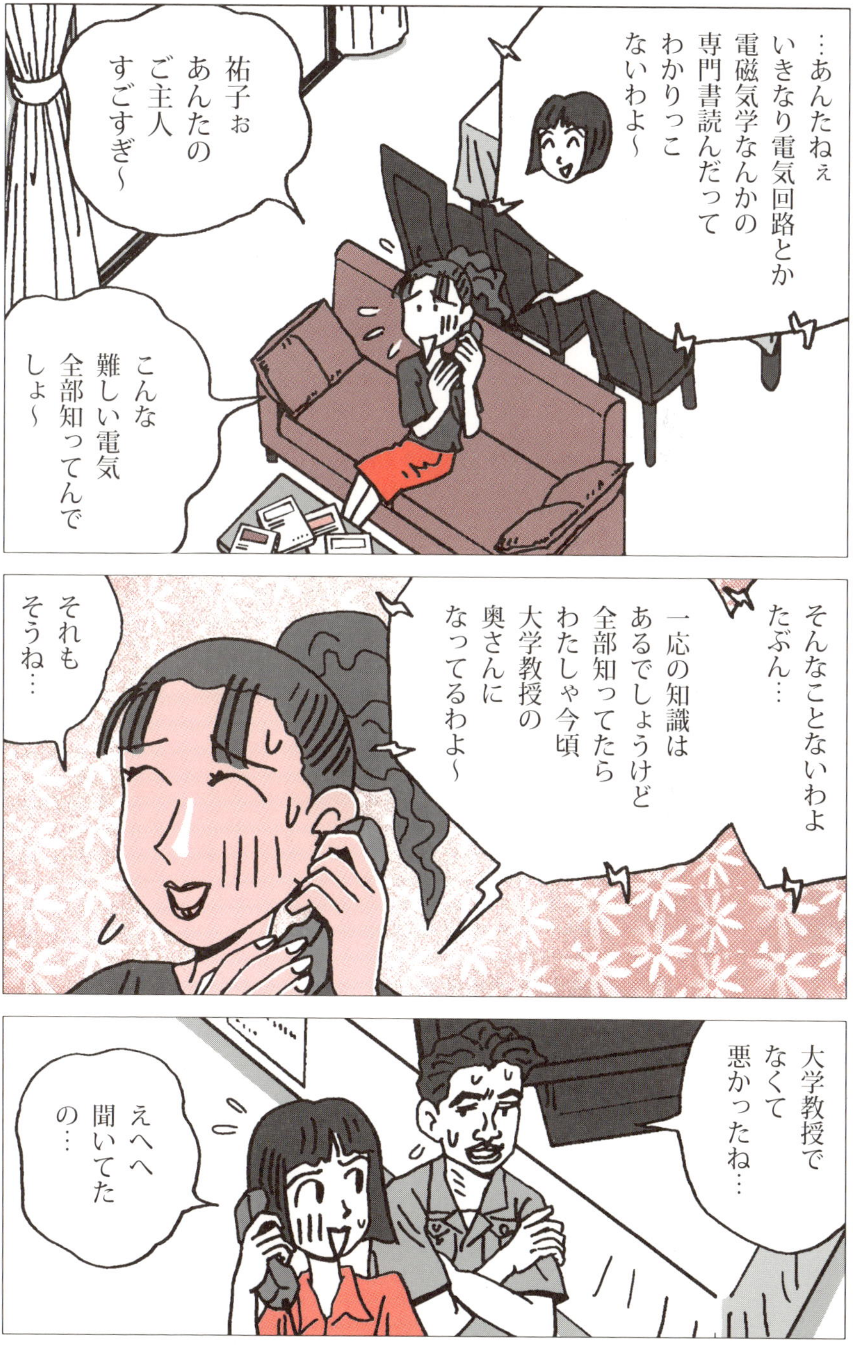
…あんたねぇ いきなり電気回路とか 電磁気学なんかの 専門書読んだって わかりっこ ないわよ～
祐子ぉ あんたの ご主人 すごすぎ～
こんな 難しい電気 全部知ってんで しょ～
そんなことないわよ たぶん…
一応の知識は あるでしょうけど 全部知ってたら わたしゃ今頃 大学教授の 奥さんに なってるわよ～
それも そうね…
大学教授で なくて 悪かったね…
えへへ 聞いてた の…

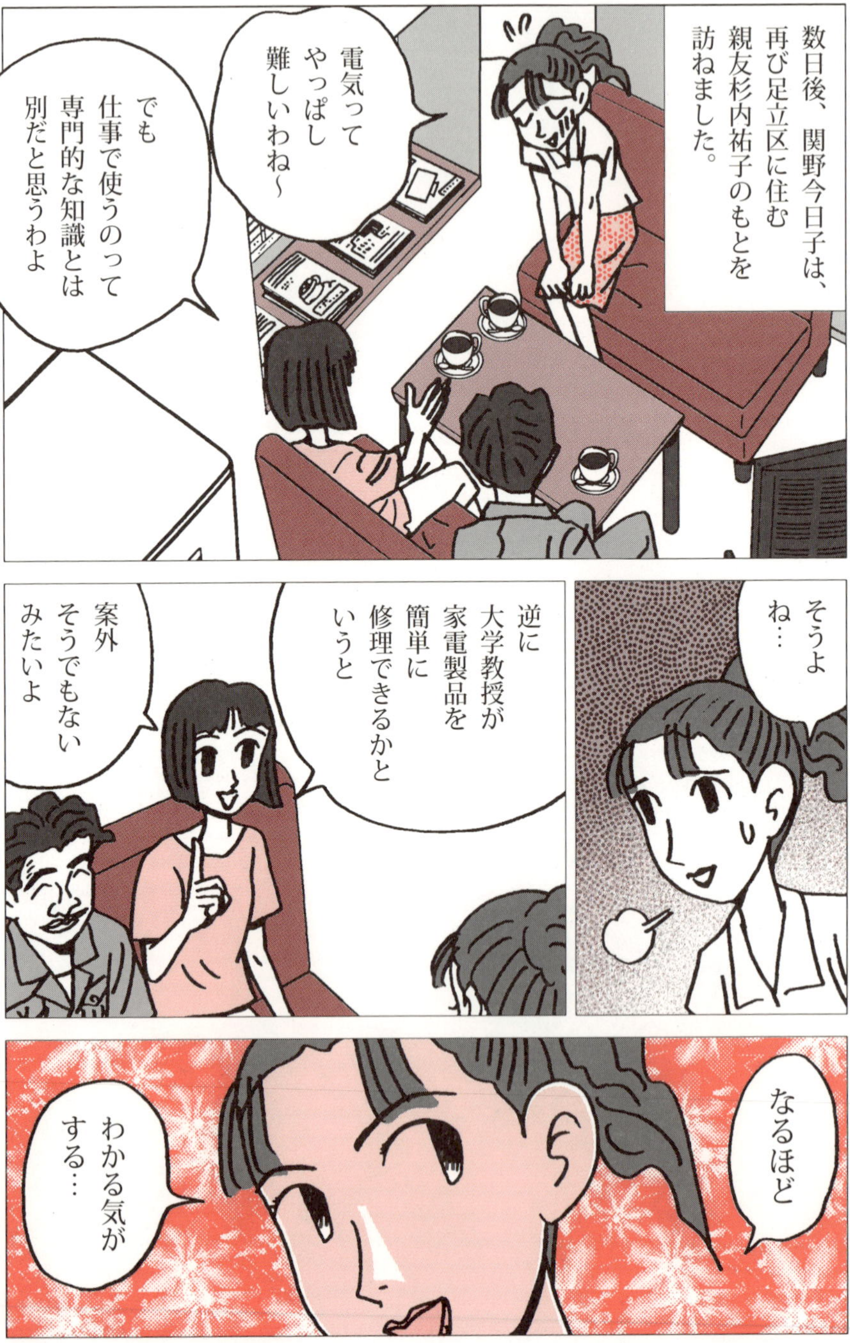
数日後、関野今日子は、再び足立区に住む親友杉内祐子のもとを訪ねました。
電気ってやっぱし難しいわね～
でも仕事で使うのって専門的な知識とは別だと思うわよ
そうよね…
逆に大学教授が家電製品を簡単に修理できるかというと
案外そうでもないみたいよ
なるほど
わかる気がする…

今日子の場合は電気を趣味にしたいんだから修理の仕方を覚えることが一番よね
だったら本で覚えるより現場で慣れるほうがいいんじゃないかしら
祐子の言う通りです
実際に修理をしながら覚えちゃうことですよ
ちょっと待って！
わたし電気屋さんになりたいの！
え！
わたしね
健介さんみたいなカッコイイ電気屋さんになりたいのよ！

今日子
マジでぇ？
マジで！
え～
趣味じゃなくて
お仕事に
したいわけ～！
はあぁ～
驚いた
なぁ～
電気屋さんて
特別な資格が
なくても
なれるんです
よね？
まぁ
そうです
けど…

あのね今日子
たしかに誰でもなれるけどほとんどの電気屋さんは様々な資格を持っているものなのよ
どうして？
資格があると便利だからよ
便利？
たとえば電話機やファクシミリを売っていたとしますよね
そうすると電話の工事担任者の免許があると便利なわけですよ
工事担任者の免許？
電話機を設置するのにどうしても通信回線の配線工事が必要だったりすると免許がなかったら工事ができないわけです
配線工事ができなければお客さんはうちから電話機を買わずに工事をしてくれるよその電気店から買うことになります

つまり多くのお客さんを確保するために様々な免許が必要だってことなの！
なるほど！
じゃあ電気屋さんはどんな免許を持っているの？
いろいろな免許を持っていますよ
たとえばうちなんかもそうだけど町の電気屋は電気工事店としての仕事もするので第二種電気工事士の免許を持っているね
第二種電気工事士免許
第二種電気工事士！
この資格があれば一般家庭の屋内配線工事はできますよ
でも難しいんでしょ？

まぁ 簡単ではないけど それほど 取得困難な 免許では ないですよ
一次試験が筆記試験で 二次試験が技能試験です これをクリアすれば 免許を受けられます
げ〜ッ
学科試験に 技能試験〜
試験て イヤよねぇ
今日子には 無理だと 思うわ
やめたら？
ところが、相手に否定的な 意見を言われると、 逆らいたくなる 今日子さんなのです。
やめない！
がんばる！
そう言うと 思った
今日子は 変に 意地っ張りなとこ あるのよね…
いよぉ〜し！
ぐわん ばる ぞぉー

筆記試験はテキストを買ってきて勉強すれば大丈夫ですよ
試験の内容は高校生レベルです
高校の電気科を卒業して、必要な単位を取得していると、筆記試験は免除です。
女性でも大丈夫ですか？
もちろんです！
ただし二次の技能試験は簡単にはいきませんよ
素人の方はたいていここで落ちます！
じゃあ難しいんですね？
というよりタイムオーバーが多いですね
受験経験のある方についてもらって一週間以上はみっちりと練習しないとパスしませんよ

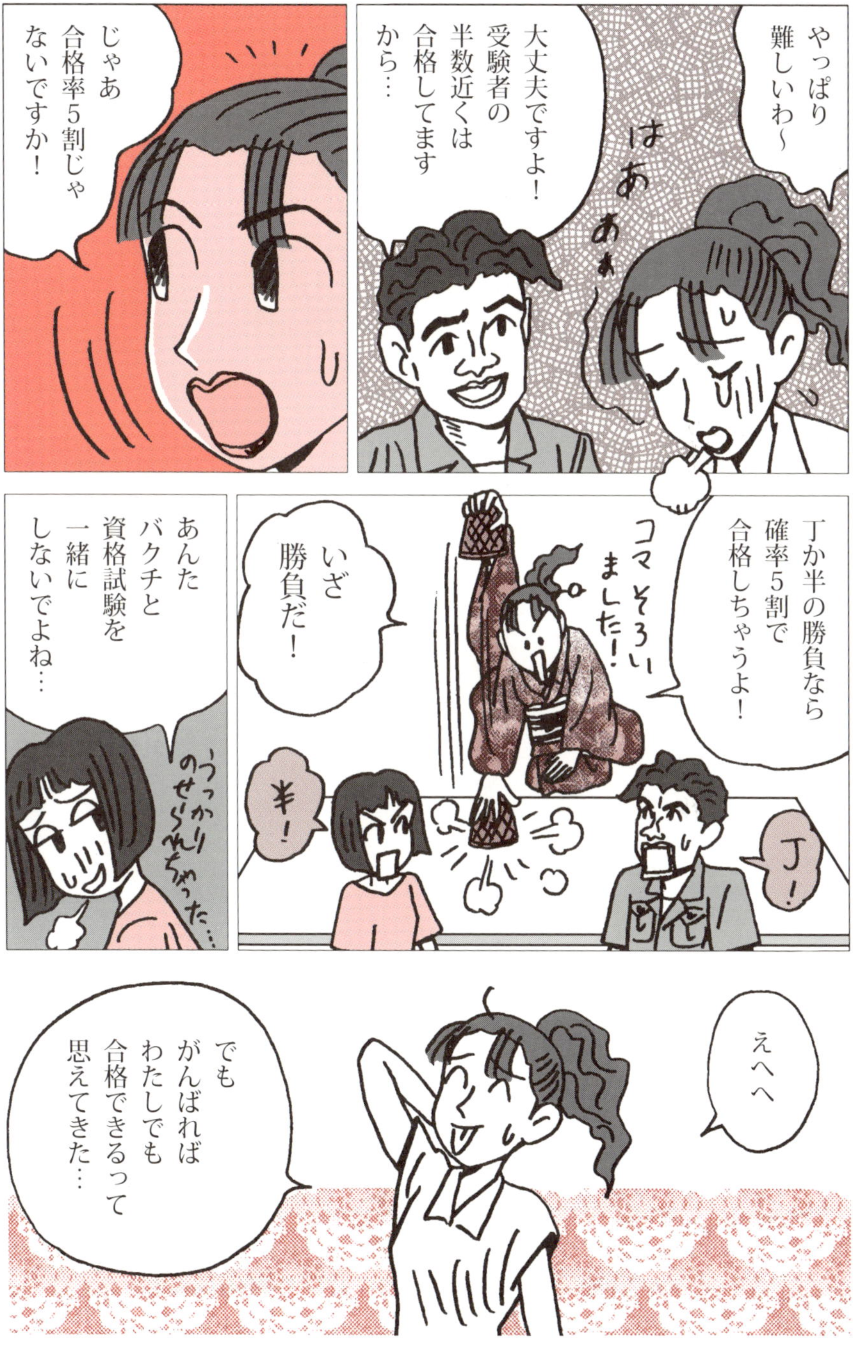
やっぱり難しいわ〜
はあぁ〜
大丈夫ですよ！受験者の半数近くは合格してますから…
じゃあ合格率5割じゃないですか！
丁か半の勝負なら確率5割で合格しちゃうよ！
コマそろいました！
いざ勝負だ！
丁！
半！
あんたバクチと資格試験を一緒にしないでよね…
うっかりのせられちゃった…
えへへ
でもがんばればわたしでも合格できるって思えてきた…

じつは電気工事に関係する法律は大きく分けて4つの法律で構成されているんですよ！
4つの法律…
電気事業法に電気工事士法電気工事業法電気用品安全法の4つです！
どんな法律なんですか？
まず電気の保安に関する基本的な定義や電力会社などの電気事業者への規制などを定めている法律があります
これが電気事業法です！
電気事業法
ふ～ん
電気工事士法というのは電気工事士の資格や義務などを定め不良電気工事による災害の防止を目的としています

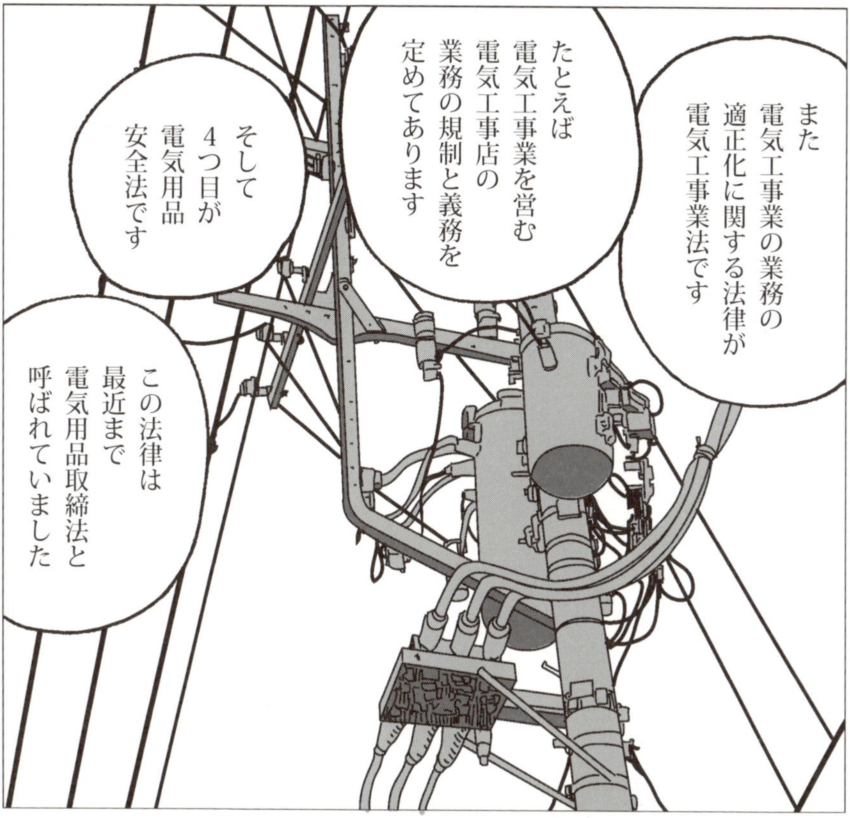
また電気工事業の業務の適正化に関する法律が電気工事業法です
たとえば電気工事業を営む電気工事店の業務の規制と義務を定めてあります
そして4つ目が電気用品安全法です
この法律は最近まで電気用品取締法と呼ばれていました

平成13年に法改正があって電気用品安全法に改称されました
主に一般家庭で使われている掃除機や冷蔵庫など電気製品の製造や販売を規制することによって電気用品による危険および障害の発生の防止を目的とした法律です

つまり こうした法律によって 電気による災害を防止し 安全を確保しましょう…
ということ よね？
そういう こと！
なるほど…
この４つの法律の中で 電気工事を行うために 必要な法律が 電気工事士法です
そして その免許が 電気工事士免許 なわけですね
そうです！
この免許がないと 一般家庭の 屋内配線工事は できません！
電気工事士法の目的は、その第一条に「電気工事の作業に従事する者の資格および義務を定め、もって電気工事の欠陥による災害の発生の防止に寄与することを目的とする」と定めてあります。
なんか 法律って わかりにくい 表現ですね～
簡単に言うと どういう意味 ですか？

つまりこの法律の目的は電気工事の作業に従事する者に一定の資格と義務を定めることで電気工事の欠陥によって引き起こされるかもしれない災害の発生の防止に寄与しよう
資格と義務
災害発生の防止に寄与
ということです…
ようするに電気工事士の資格のない者が工事をすると災害が起こる可能性があるから資格のない者は電気工事をしてはいけないってことでしょ
そう…
祐子の言う通り！
ふ～ん……
電気工事士免状には、第一種電気工事士と第二種電気工事士の2種類があります。その免状は、各都道府県知事から交付されます。
町の電気屋さんであれば、第二種電気工事士の免状があれば、ほとんどの電気工事が可能です。

［電気工事士法第4条］（抜粋）

（電気工事士免状）

第4条　電気工事士免状の種類は、第一種電気工事士免状および第二種電気工事士免状とする。

2　電気工事士免状は、都道府県知事が交付する。

4　第二種電気工事士免状は、次の各号の一に該当する者でなければ、その交付を受けることができない。

一　第二種電気工事士試験に合格した者。

二　経済産業大臣が指定する養成施設において、経済産業省令で定める第二種電気工事士たるに必要な知識および技能に関する課程を修了した者。

三　経済産業省令で定めるところにより、前二号に掲げる者と同等以上の知識および技能を有していると都道府県知事が認定した者。（※注1）

7　電気工事士免状の交付、再交付、書換えおよび返納に関し必要な事項は、政令で定める。

（※注1）施行規制により都道府県知事が認定する者とは以下の該当する人である。

一　旧電気工事技術者検定規定による検定に合格した者。

二　職業訓練法による職業訓練指導員免許（職種が電工に限る）を受けている者で、公共職業訓練または認定職業訓練の実務に1年以上従事していた者。

三　旧電気工事人取締規制による免許を受けた者であって、昭和25年1月1日以降屋内配線または屋側配線の実務に10年以上従事した者。

四　上に掲げる者と同等以上の知識および技能を有すると認められた者であって、経済産業大臣が定める資格を有する者。

どんな試験ですか？
次のページを見てね！
免状の取得試験については電気工事士法第6条に記してありますよ

［電気工事士法第6条］

（電気工事士試験）

第6条　電気工事士試験の種類は、第一種電気工事士試験および第二種電気工事士試験とする。

2　第一種電気工事士試験は自家用電気工作物の保安に関して必要な知識および技能について、第二種電気工事士試験は一般用電気工作物の保安に関して必要な知識および技能について行う。

3　電気工事士試験は、経済産業大臣が行う。

4　電気工事士試験の試験科目、受験手続きその他電気工事士試験の実施細目は、政令で定める。

5　都道府県知事は、電気工事士試験に関し、必要であると認めるときは、経済産業大臣に対して意見を申し出ることができる。

…つまり電気工事士の試験には2種類あってそれが第一種電気工事士試験と第二種電気工事士試験なわけですね
《電気工事士試験》
第一種電気工事士試験
第二種電気工事士試験
ふ～ん
そうです
国が関与してお免状を与えるわけだから電気工事士試験は国家試験ということになるわね
うん
ところで健介さん…

『4　電気工事士試験の試験科目、受験手続きその他電気工事士試験の実施細目は、政令で定める』
…とありますよね
でも具体的な内容がわかりませんけど…
政令というのは工事士法施行令のことです
それにはこう記されていますよ…
第7条　電気工事士試験は、筆記試験および技能試験の方法により行う。
つまりさっき健介さんが話されたように第二種電気工事士試験に合格するにはまず筆記試験に合格しさらに技能試験に合格しなければならないってことですね
そういうことです！
はああぁ～
大変よね…
そんなことないよ

だって車の免許を取るのだって筆記試験をパスした後に技能試験があるじゃないか
同じだよ
！
そうよね！
わたし車の普通免許持ってるけど同じようなもんですよね
しかも第一次試験の筆記試験を免除される人もいるんですよ
え！マジで！
へえ～どんな人が免除されるの？
たとえばこれに該当する人は筆記試験が免除されて第二次試験の技能試験から受験できるんだよ…
このように！(次ページ)

[第二種電気工事士試験の筆記試験が免除される者]

(電気工事士法施行令第9条関連)

(1) 学校教育法による高等学校、実業学校またはこれらと同等以上の学校において、電気工学の課程を修めて卒業した者。

電気工学の課程とは、電気理論、電気計測、電気機器、電気材料、送配電、製図(配線図を含むものに限る)および電気法規で、これらの単位を修得して学校を卒業した人が該当します。

(2) 鉱山保安法による甲種または乙種の電気保安係員試験に合格した者。

(3) 電気事業法第44条で規定される第一種電気主任技術者、第二種電気主任技術者、もしくは第三種電気主任技術者免状の交付を受けている者、または旧電気事業主任技術者資格検定規則による電気事業主任技術者の資格のある者。

(4) 旧自家用電気工作物施設規則の規定により電気技術に関し相当の知識経験があると認定された者。

(5) 前年度(前回)の筆記試験に合格した者。

わたしは?
該当しないわね
旭ケ丘女子大学文学部卒じゃあ電気とは無縁だもの
ガックリ
残念ですが…
てことはさぁ工業高校の電気科とかで決められた科目の単位を取って卒業したら学科試験免除なわけでしょ
もぉぉ～～
その子たちが大学卒のわたしよりか知識があるってことじゃないよぉ変だよ!変!

てゆうより女子大の文学部出たあんたが電気工事士試験を受けるってことの方がよっぽど変よ
…あ　まだ受けるって決めてないんだっけ？
う・け・ま・すぅ！
ぷくぅ
つまり工業高校の電気科を卒業したりあるいは電気主任技術者の免状を持っている人が筆記試験を免除されるわけです…
電気工作物について
あのね健介さん電気工事っていってもすごく範囲が広いわけですよね…？
そうよね
電気関係の機器や器具を設置したり設置するための工事を行ったり…漠然としているわね…

電気工事士法では電気工事とは何かということを定義付けしているんだよ
それによるとこうだよ…
なるほど…
電気工事とは、一般用電気工作物または自家用電気工作物を設置し、または変更する工事をいう。
ところで電気工作物って？
電気工作物については電気事業法で触れていますよ
それによると…
こうです…
ほぉ〜
電気工作物とは、返電、返電、送電もしくは配電または電気の使用のために設置する機械、器具、ダム、水路、貯水池、電線路その他の工作物をいいます。

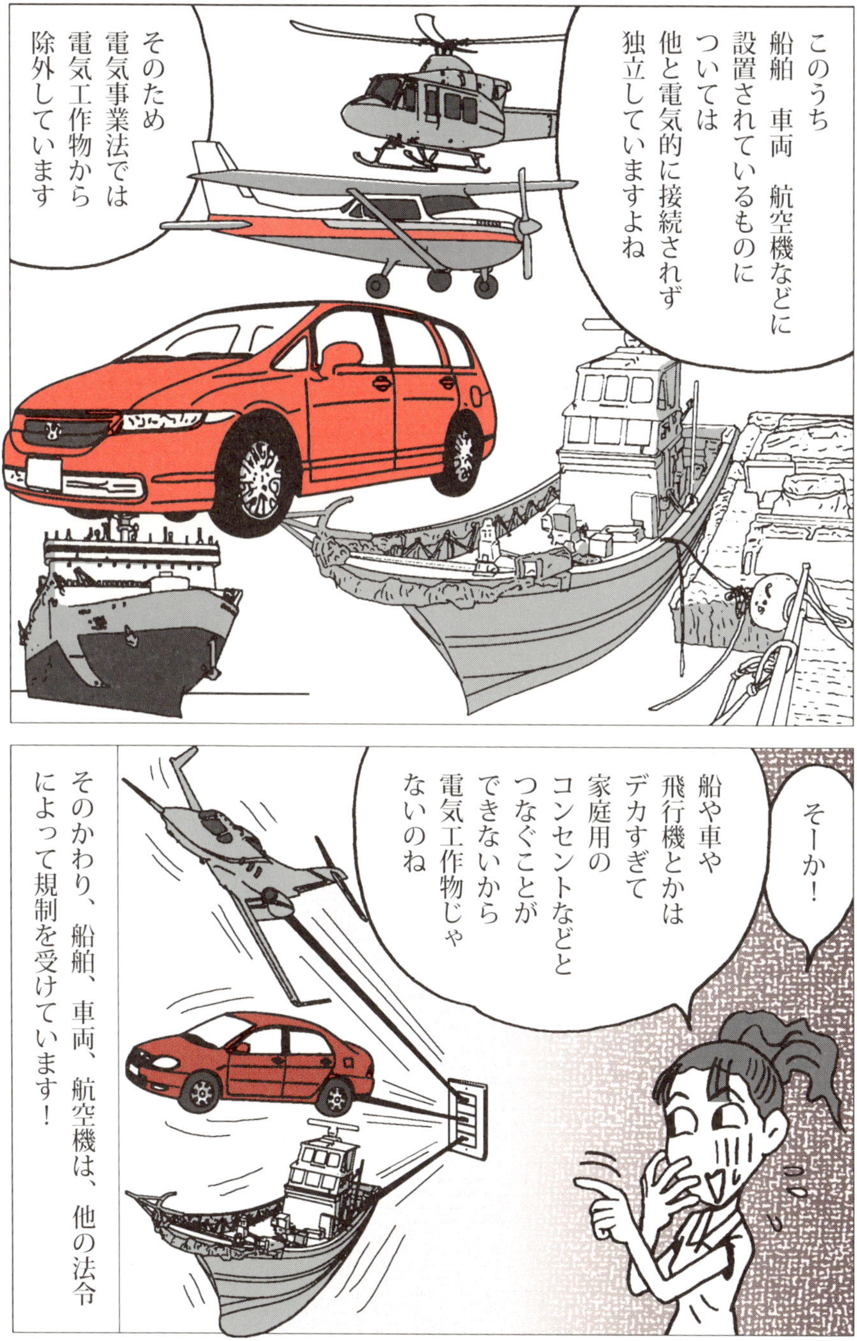
このうち　船舶　車両　航空機などに　設置されているものに　ついては　他と電気的に接続されず　独立していますよね
そのため　電気事業法では　電気工作物から　除外しています
そーか！
船や車や　飛行機とかは　デカすぎて　家庭用の　コンセントなどと　つなぐことが　できないから　電気工作物じゃ　ないのね
そのかわり、船舶、車両、航空機は、他の法令によって規制を受けています！

電気事業法では電気工作物をこのように分類してますよ…
《電気事業法による電気工作物の分類》
電気工作物
一般用電気工作物
事業用電気工作物
電気事業用に供する電気工作物
自家用電気工作物
電気工作物は一般用と事業用に分かれていてさらに事業用が二つに分類されているのね…
この中で第二種電気工事士の仕事に深く関わってくるのが
一般用電気工作物です
一般用電気工作物！

電気事業法における一般用電気工作物とは

（１）電力会社などから６００〔V〕以下の電圧で受電し、その受電の場所と同一の構内において、受電した電気を使用するための電気工作物。これが一般用電気工作物です。

ちなみに、これと同一の構内にあって、電気的に接続して設置する小出力発電設備も含みます。

ただし、その受電のための電線路以外の電線路によって、構外にある電気工作物と電気的に接続されていないものです。

（２）構内に設置する小出力発電設備が一般用電気工作物であって、これと同一の構内で、電気的に接続して設置する電気を使用するための電気工作物を含みます。

また、その発電にかかわる電気を６００〔V〕以下の電圧で、他の者がその構内において受電するための電線路以外の電線路によって、その構内以外の場所にある電気工作物と電気的に接続されていないものと規定されています。

ただし、小出力発電設備以外の発電用の電気工作物と同一の構内（これに準ずる区域内を含む）に設置するもの、火薬類の製造所など火災発生または引火性の物があるため電気工作物による事故が発生する恐れが多い場所は、一般用電気工作物から除外され、たとえ６００〔V〕以下の電圧で受電していても、自家用電気工作物の扱いとなります。

なお、法で定められた「小出力発電設備」とは、次のものをいいます。

①太陽電池発電設備であって出力20kW未満のもの　②風力発電設備であって出力20kW未満のもの　③水力発電設備であって出力10kW未満のもの（ダムを伴うものを除く）　④内燃力を原動力とする火力発電設備であって出力10kW未満のもの　⑤燃料電池発電設備（固体高分子型または固体酸化物型のものであって、燃料・改質系統設備の最高使用圧力が0.1Mpa（液体燃料を通ずる部分にあっては1.0Mpa）未満のものに限る）であって、出力10kW未満のもの

ただし、これらの設備の出力の合計が20kW以上となるものを除きます。

電気事業法における自家用電気工作物とは

電気事業法では、自家用電気工作物は、電気事業の用に供する電気工作物および一般用電気工作物以外の電気工作物をいう、と規定しています。

具体的には、以下の電気工作物が該当します。

（1）他の者から600〔V〕を超える電圧（高圧、特高）で受電するもの

（2）小出力発電設備以外の発電設備を設置するもの

（3）構外にわたる電線路を有するもの

（4）火薬類を製造する事業場（火薬類取締法第2条第1項に規定するもの）

（5）甲種炭坑および乙種炭坑（鉱山保全規則で適用されるもの）

「電気事業の用に供する電気工作物」というのは電力会社などの発電所や変電所や送電設備配電設備などです

じゃあ電気屋さんのお仕事とはほとんど関係ないですね？
そうです

町の電気屋さんが関わるのは電力会社などの事業用ではなくて一般用電気工作物だものね

そういうこと
電気事業用電気工作物については電気工事士法には直接関係ないので知識として覚えておく程度でよいでしょう

あの〜
たとえば第一種電工事士免許や第二種電気工事士免許など免許の種類によってできるお仕事の範囲が制限されてくるわけですよね？
ええ
たとえばどの免許を持っているとどこまでの範囲のお仕事ができるとか教えてもらえませんか！
そうそう
それがわかるといいわよね！
そうですね
じゃあ4つの資格について説明しましょう！

資格と工事の範囲

・第一種電気工事士

特殊電気工事（ネオン工事、非常用予備発電装置工事）を除いた自家用電気工作物の工事、ならびに一般用電気工作物の工事に従事できます。

・特種電気工事資格者

自家用電気工作物の工事のうち、特殊電気工事とされているネオン工事および非常用予備発電装置工事の種類ごとに、それぞれ認定を受けている特殊電気工事に従事できます。

・認定電気工事従事者

自家用電気工作物のうち、特殊電気工事を除く６００〔V〕以下で使用する電気機器や配線等の工事（簡易電気工事）に従事できます。

しかし、６００〔V〕以下の電圧であっても、構外にわたる電線路など、電線路の工事は除かれます。

・第二種電気工事士

一般用電気工作物の工事に従事できます。

なお、旧工事士法において、同様に一般用電気工作物の工事を行うことができた従来の「電気工事士」は、第二種電気工事士とみなされます（新たに免状の書換えは必要ありません）。

つまり免許の種類によってどのようなお仕事ができるかってことですね？
なるほど……
そうです…

《電気工事士等の資格と作業範囲》

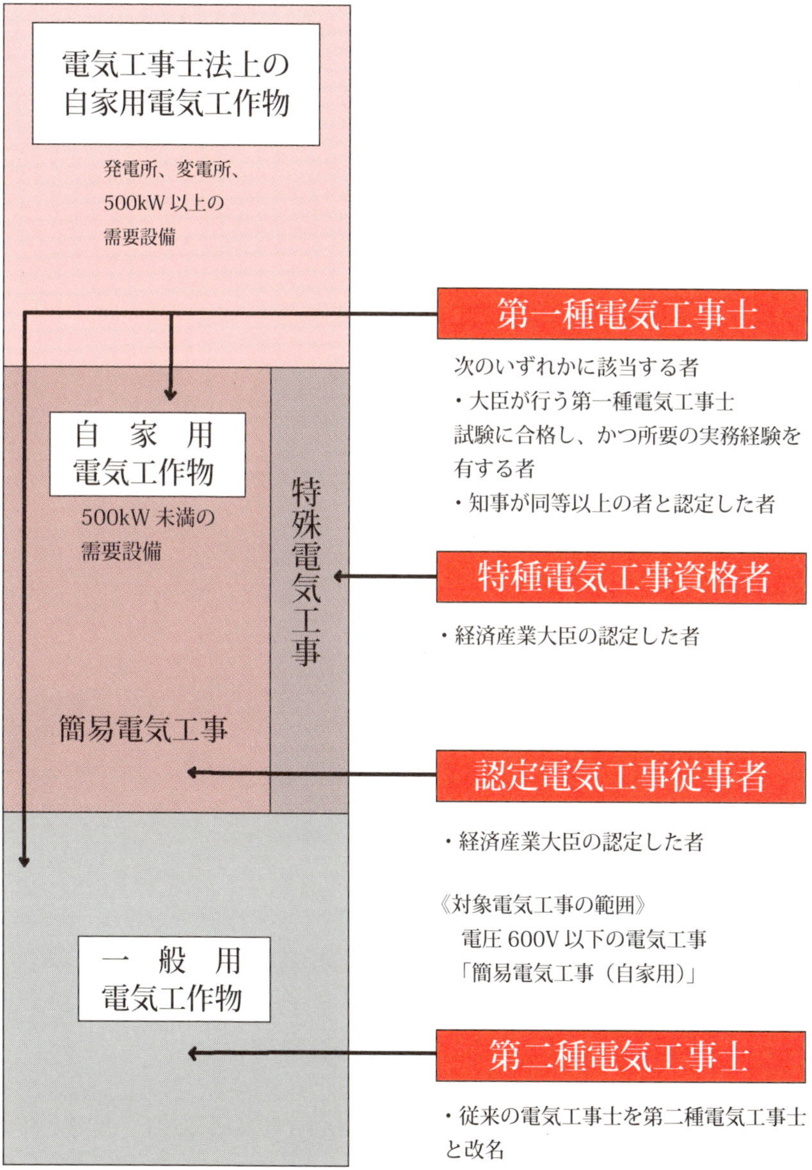
電気工事士法上の
自家用電気工作物
発電所、変電所、
500kW 以上の
需要設備
自　家　用
電気工作物
500kW 未満の
需要設備
特殊電気工事
簡易電気工事
一　般　用
電気工作物
第一種電気工事士
次のいずれかに該当する者
・大臣が行う第一種電気工事士
試験に合格し、かつ所要の実務経験を
有する者
・知事が同等以上の者と認定した者
特種電気工事資格者
・経済産業大臣の認定した者
認定電気工事従事者
・経済産業大臣の認定した者
《対象電気工事の範囲》
電圧 600V 以下の電気工事
「簡易電気工事（自家用）」
第二種電気工事士
・従来の電気工事士を第二種電気工事士
と改名

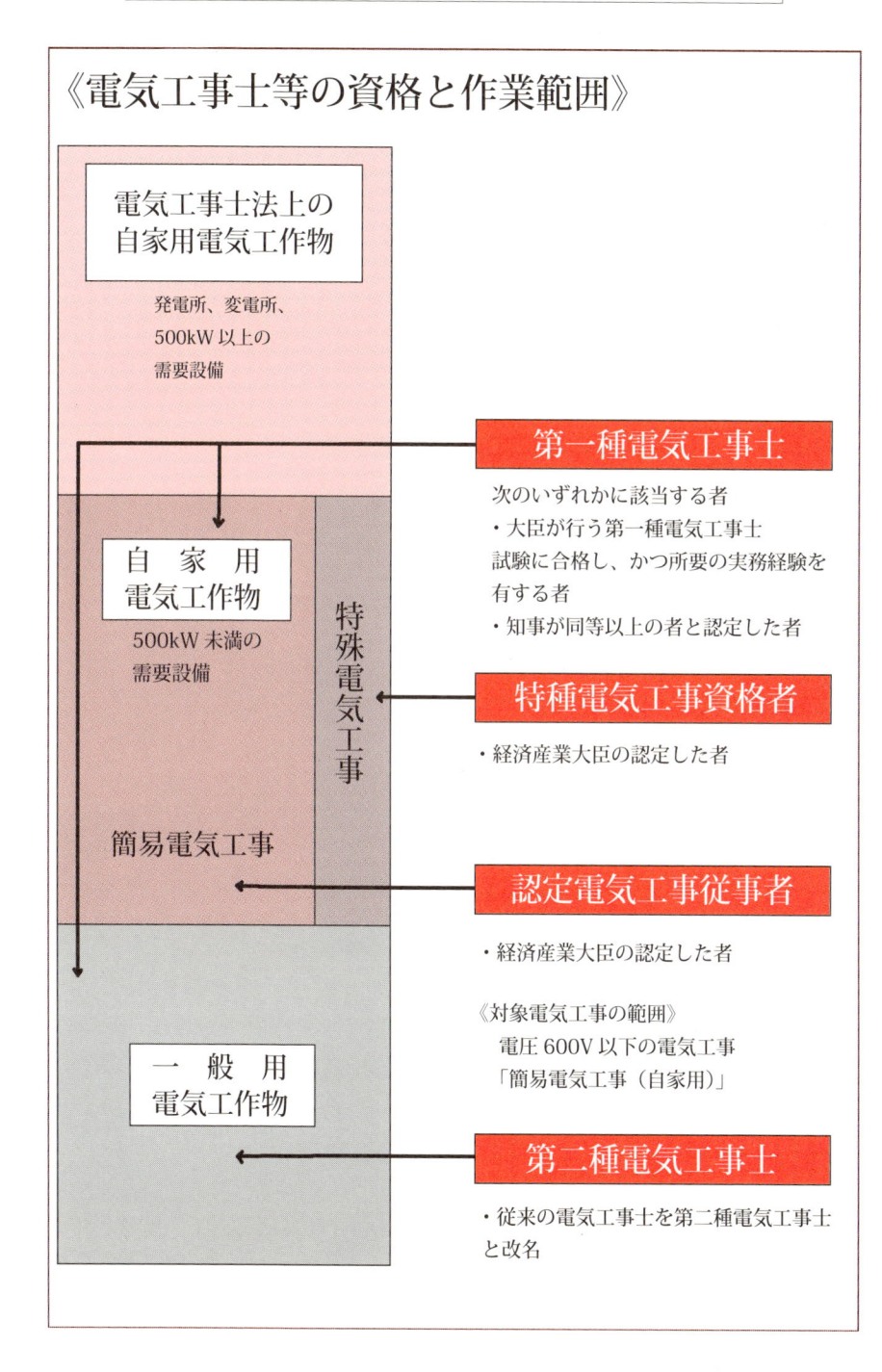

あなた電気主任技術者の資格も持ってるわよね
ああ
電気主任技術者というのは安全な電気利用に欠かせない資格だよ
どんな資格ですか？
カントク
簡単にいうと電気工作物を工事する際に工事監督を務めることができる免許です
他にも電気を送りだす管理室で電気の供給がスムーズに行われているかどうかを監督するために必要な資格です
じゃあ電気の管理人さんみたいなもんですね
今日子さん上手いこと言いますねぇ
まさにその通りです
いえい！
電気は扱い方を間違えると事故の原因になりますからね管理責任は大きいですよ！

電気主任技術者

　電気事業法の規定によると、「自家用電気工作物を設置する者は、自家用電気工作物の工事、維持および運用に関する保安の監督をさせるために、主任技術者免状の受けている者のうちから主任技術者を選任しなければならない」と、されています。

　ちなみに、電気主任技術者の免状には、第一種電気主任技術者免状、第二種電気主任技術者免状、第三種電気技術者主任免状の３種類があります。そして、それぞれの免状の種類によって、監督のできる範囲が定められています。

主任技術者免状の種類	保安の監督をすることができる範囲
第一種電気主任技術者	すべての電気工作物の工事、維持及び運用。
第二種電気主任技術者	電圧１７００００〔Ｖ〕未満の事業用電気工作物工事、維持及び運用。
第三種電気主任技術者	電圧５００００〔Ｖ〕未満の事業用電気工作物（出力５０００ kW以上の発電所を除く）の工事、維持及び運用。

ドライヤーの風が焦げ臭いんだよ
ヤバイんじゃないかと思ってさ～みてくんない？
どれどれ…
カチッ
《懐中電灯》
だいぶ綿ゴミが詰まってるなぁ…
綿ゴミ！
ちょっと待ってね…

私が　吸気口に掃除機のホースを当てて隙間を手で塞いでいますから…
村田さん掃除機のスイッチを入れてください
はい…
こうして、内部にたまったホコリを吸い取ります。
カチッ
ネットの内部に張り付いた綿ゴミを取ってと…
さあ　今度はノズルのゴミを吸い取りますよ
スイッチを入れてください！
はいよ！

これで大丈夫でしょう!
ほんとだ!
ガー!!!
くんくん
焦げ臭くなくなった!
修理代いくら?
ははは修理したわけじゃないからタダでいいよ
わりいなぁじゃあ懐中電灯買ってこうかな!
ついでに蛍光灯も買っとくか!
村田さんドライヤーの綿ゴミはピンセットはやめたほうがいいですよ
短くて届かないし間違って中に落としちゃうと厄介だから
わかったよ掃除機でしょ

しかし掃除機って意外な使い道があるんだなぁ…
ありがとうございましたー
スギウチ電器店
ところで今日子さんお宅のドライヤーこんなふうにしていませんか?
あ!しています!
もしかすると断線してるかもしれませんよ
断線?
コードの中で電線が切れているってことよ
そういえばときどきちゃんと動いてくれないんです
はは~んそれじゃあ一度調べてみるといいですよ
はい!

第三章　これだけは欲しい便利な資格

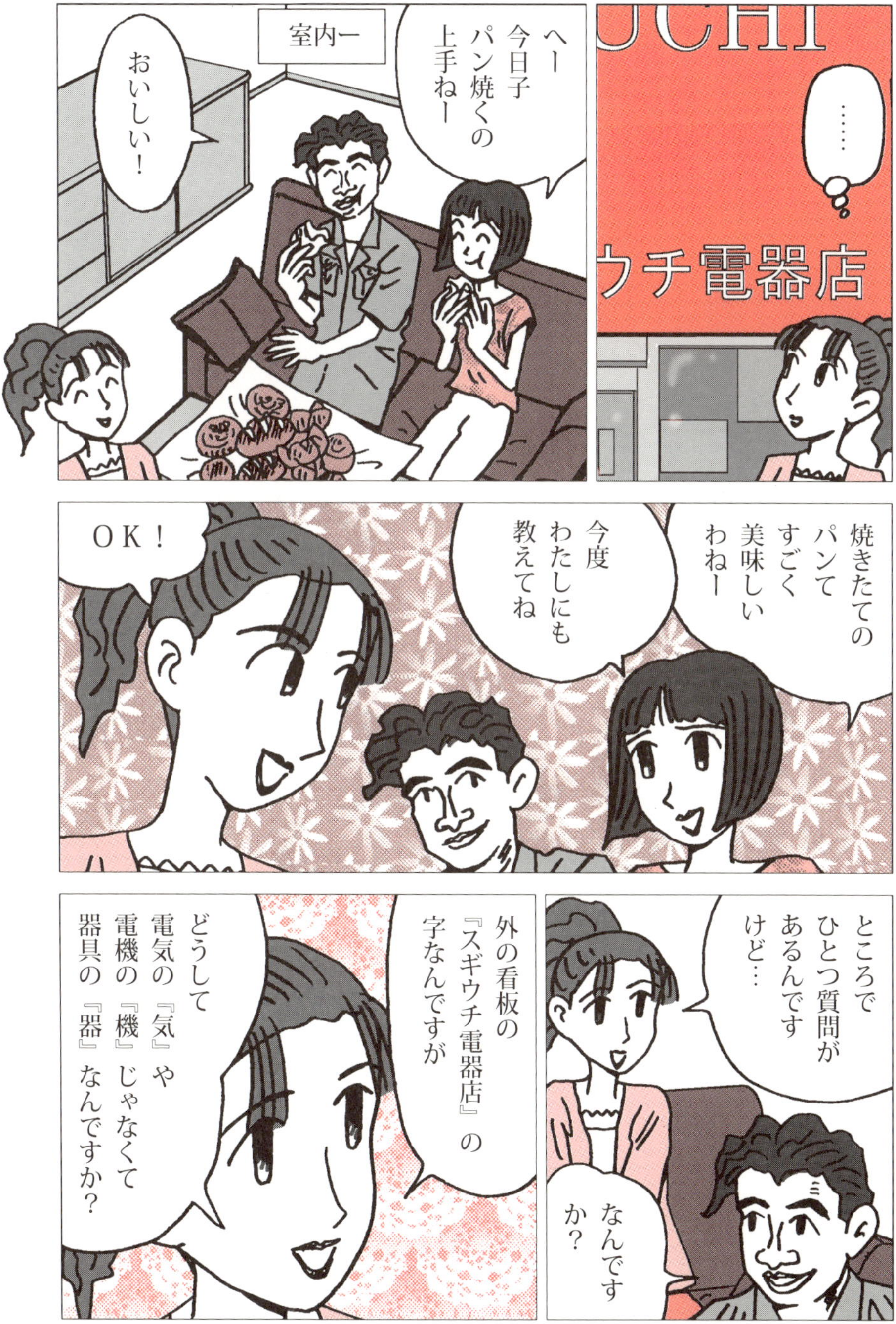
UCHI
ウチ電器店
……
室内ー
へー今日子パン焼くの上手ねー
おいしい！
焼きたてのパンてすごく美味しいわねー
今度わたしにも教えてね
ＯＫ！
ところでひとつ質問があるんですけど…
なんですか？
外の看板の『スギウチ電器店』の字なんですが
どうして電気の『気』や電機の『機』じゃなくて器具の『器』なんですか？

そういえばそうよね…
多くの電気屋さんの字が『電器』なんですよね
あなたどうしてなの？
元々の電器店というのは電球やソケットなどの電気関連の器具を売ってたかららしいよ
照明器具なんかもそうだよね
ふ～ん
でも屋号として『○○電気店』や『○○電機店』という店もたくさんあるからどっちでもいいんじゃないかなぁ
そうか
電気屋さんはもともと電球などの照明器具を中心に売っていたのね…

その後 １９６０年〜７０年代になると 三種の神器などと呼ばれる 家電製品が　脚光を 浴びるようになったんだよ
三種の神器！
…てことは
勾玉に 鏡に 剣ですね！
やだ 今日子
家電製品の 三種の神器は たしか 冷蔵庫に 洗濯機に テレビよ
たはは
え！ 冷蔵庫に 洗濯機に テレビ？
なんでよぉ〜〜
そう！

その時代のことは
よく分からないけど
田舎の父が言うには
三種の神器を持つことが
一種のステータスの
ようなもの
だったらしい
だから　誰もが
そうした家電製品を
欲しがったし
家電メーカー側も
商魂たくましく
こぞって販売したんだね
そのころの
電気屋さんは
さぞもうかったで
しょうね！
そ
そうだろうね
はは…
当時は
全国津々浦々まで
電気屋さんがあったらしいが
今じゃあ　その数も
かなり減っているらしいね
やはり
量販店が
あちこちに
できたから
ですか？
昔は いっぱい あったなァー
でんき

それもあるでしょうが　それだけじゃあ　ないんですよ
といいますと？
1980年代に入ると　電気製品の中味が　複雑で高度な作りに　なってなって　きたのよ
1980年代って　わたしや祐子が　小中学生のころ　でしょ？
そのころ　ラジカセや　ステレオ　セットなどが　人気が　ありました　よね
そうそう！　わたしも　ラジカセ　持ってたわ！
でも　カセットとか　よく壊れて　テープが上手く　回らなくなって　たな…

そうした高度で複雑な電気製品だと町の電気屋さんでは上手く修理することができなくなってきたらしいのよ
それだけでなく取り扱う製品の種類もかなり増えてそれらの製品説明も難しくなってきたようだね
ふ〜ん

そうね
Ultra Durable
GIGABYTE
GA-EP45-UD3R
電気製品の仕組みはどんどん複雑で高度化しているものね…

そうなのよ
ワープロが出てテレビゲームにパソコンでしょ…
さらに　パソコンの複雑な周辺機器などとなるともう　町の電気屋さんでは修理はおろかちゃんと使うことだってできない状態なんだから
ＩＣやＬＳＩ超ＬＳＩなどとなるともう我々の手には負えませんよ！
ＩＣやＬＳＩ超ＬＳＩ…？

ＩＣは、別名を半導体集積回路と呼ばれてます。抵抗やコンデンサ、ダイオードなどの素子を集めて基盤の上に装着した電子回路です。現在では、様々な機器に組込まれています。

また、パッケージされたＩＣがチップです。指先程度の小さな部品なので、チップと呼ばれるようになりました。

そして、1チップに収められた素子数が１０００～10万程度の集積回路を、ＬＳＩと呼びます。

さらに、10万を超えるものをＶＬＳＩ、１０００万を超えるものをＵＬＳＩと呼んでいます。

ＬＳＩやＵＬＳＩを超ＬＳＩといいます。

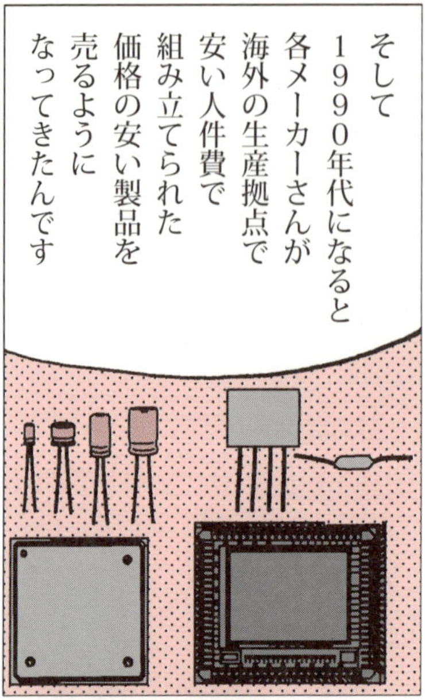
そして
１９９０年代になると
各メーカーさんが
海外の生産拠点で
安い人件費で
組み立てられた
価格の安い製品を
売るように
なってきたんです

消費者にとっては
ありがたいです
けど…
えへ
今日子
本当は
そんなこと
ないのよ
え？
電気製品の価格が
安くなったことで
一部の電気製品は
修理費と
買い替え価格が
逆転しちゃった
のよ
つまり
修理するより
新品を買ったほうが
安く上がるわけね

だから まだ使える電気製品を ゴミ化していった わけね
もったいない というか 地球にとっては 迷惑な話だわ
そうね
環境破壊に つながるわね！
そうした現象が 家電の量販店が 登場したことで さらに 顕著になって きました！
じゃあ ますます 町の電気屋さんにとって 不利な状況に なってきたのね…
たしかに 当初は 家電量販店の 攻勢で 町の電気屋さんは 役目を終えて 淘汰されるかに 見えたわ
でも そうじゃ なかった のよ！

え！
そうなの…
ええ！
どういうことですか？
先日も　今日子さんに電話やファックスの設置について話しましたよね
はい
電話回線の工事をするには資格がないとできないって話ですよね
あ　それと出張料金の話！
家電量販店に依頼すると自宅に来てもらうだけで出張料金を取られるけど町の電気屋さんはタダだったりするんですよね

そうです　まぁ　すべてのお店が　そうだとは　言いませんが　そういう　ケースが　多いということ　ですね
わかり　ました
じつは　それだけじゃ　なく…
私たち　町の電気屋が　見直されている　理由が　他にいくつも　あるんです！
へー　どんなこと　かしら？
たとえば　ホームシアターや　音響機器など　いわゆる　娯楽家電機器の　販売です
こうした機器は　相互に接続することで　初めて機能を発揮する　わけです

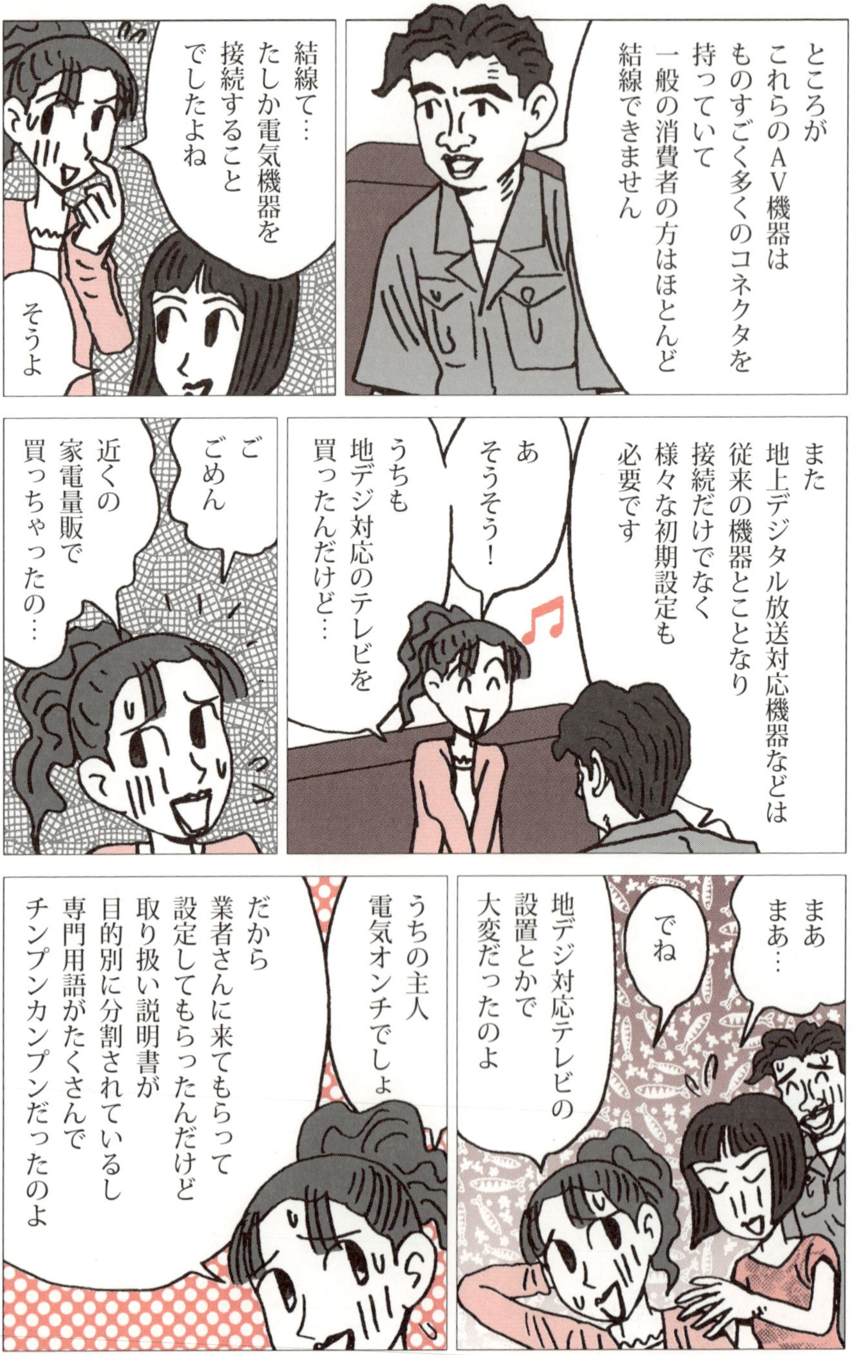
ところがこれらのＡＶ機器はものすごく多くのコネクタを持っていて一般の消費者の方はほとんど結線できません
結線て…たしか電気機器を接続することでしたよね
そうよ
また地上デジタル放送対応機器などは従来の機器とことなり接続だけでなく様々な初期設定も必要です
あそうそう!
うちも地デジ対応のテレビを買ったんだけど…
ごごめん
近くの家電量販で買っちゃったの…
まあまあ…
でね
地デジ対応テレビの設置とかで大変だったのよ
うちの主人電気オンチでしょ
だから業者さんに来てもらって設定してもらったんだけど取り扱い説明書が目的別に分割されているし専門用語がたくさんでチンプンカンプンだったのよ

でしょー
従来の アナログ機器には なかった 新しい項目が増えて 設定項目も ものすごく多く なっているのよ
だから 今日子のご主人だけでなく 接続や初期設定が アナログ時代に比べて はるかに難しくなって きたわね
ところで 今日子
地デジ対応テレビを 設置したとき 量販店では 有料だったでしょ？
そう！ 結構 高かったのよ～
設置だけで なく 初期設定も 必要でしょ…
ところが ほとんどの 町の電気屋さんは タダなのよ！
あら！ いいわねぇ！

でも…
どうして家電量販店では出張手数料が別途にかかるのかしら？
出張手数料

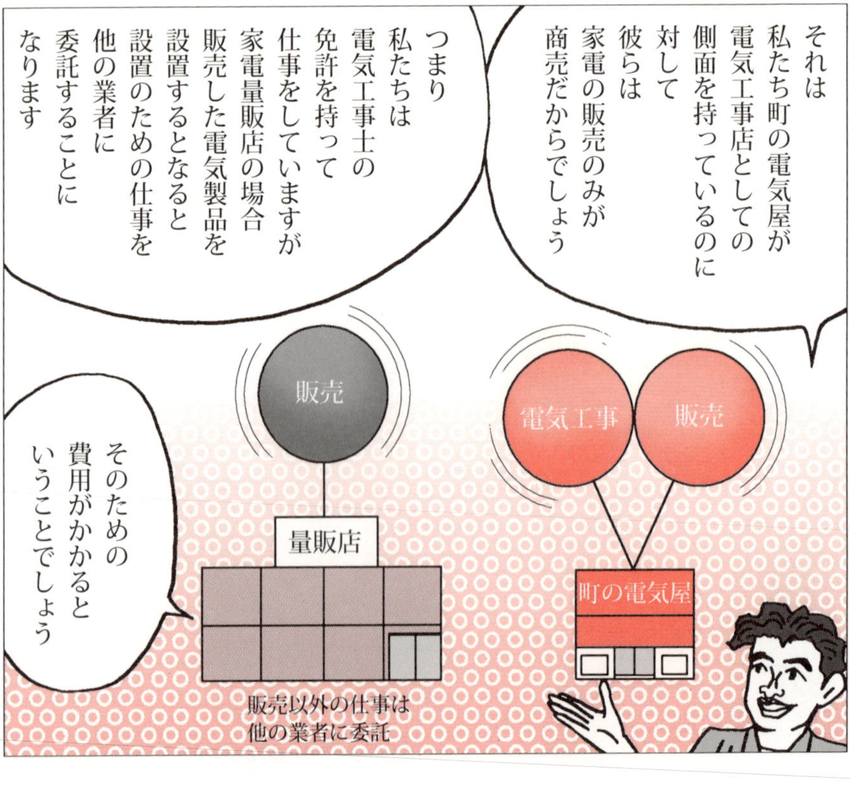
それは私たち町の電気屋が電気工事店としての側面を持っているのに対して彼らは家電の販売のみが商売だからでしょう
つまり私たちは電気工事士の免許を持って仕事をしていますが家電量販店の場合販売した電気製品を設置するとなると設置のための仕事を他の業者に委託することになります
電気工事
販売
町の電気屋
販売
量販店
販売以外の仕事は
他の業者に委託
そのための費用がかかるということでしょう

なるほど！
町の電気屋さんは電気工事店でもあるわけですね！
だから第二種電気工事士の資格は必要不可欠というわけよ
よくわかるわ！
…ところで町の電気屋さんて第二種電気工事士や工事担任者の資格のほかにどんな資格を持っているの？
それぞれの電気屋さんによって違うでしょうけど私の場合でお話ししましょう…

たとえば インターネットの普及は 目覚ましいものが ありますよね
ええ うちでも やってます
今日子さんのところは ブロードバンドですか?
そうです
すると　工事が 必要でしたか?
ええ 工事して もらいました
じゃあ 工事費が 必要だった でしょ?
いえ! うちは ケーブルテレビを 使っているので インターネットも 電話回線も すべてCATVの回線を 利用しています
それで 工事費無料 キャンペーン中に 契約したので タダでした
工事費は まちがいなく タダよね?
はい!
しっかり してるわねぇ あんた…
えへへ 一応 主婦やってる から…
ふ〜〜ん

今日子さんのお宅のようならいいのですが…
そうではなく従来の電話回線を利用する場合はちょっと厄介だったりするんですよ
へ〜
近年　ブロードバンド時代になってきて
BS/CS110/ 地上デジタル受信可能な機器だと
電話回線用モジュラージャックや
LAN 用 10/100BASE などのモジュラージャックが付いているために
増設や延長工事が必要になったりします
まぁ　従来の回線で分配できる場合は問題ありません
ところが新規でブロードバンドを引く場合や屋内分配をする場合は工事が必要だったりするんです
でも工事は誰でもできるわけじゃありませんよね
資格が必要なんでしょ?
そうです
工事担任者でないと工事はできません!

たとえば　家電量販店では電気工事士の資格を持っていたとしても工事担任者の資格を持っているケースは少ないわ
家電量販店
工事担任者の有資格者が少ない。
町の電気屋さん
工事担任者の有資格者だと、ＮＴＴなどから下請けの仕事も入ってくる。
ところがうちの主人はそうした資格を持っているからＮＴＴなどから下請けの仕事も入ってくるのよ
まーね
へ～
町の電気屋さんと家電量販店て敵同士だと思っていたけどそうでもないのねぇ…
量販店
町の電気屋さん
たしかに商売敵には違いないけど彼らの持っていないものを町の電気屋は持っているということね！
つまり私たちが生き抜いていけるのは家電量販店にないものを持っているかどうかだと思いますよ
なるほど…

それは地域に密着してきめ細かなサービスだったりあるいは資格だったりするわけです
ふ〜ん……
電話回線の工事（工事担任者）にはどんな資格が必要なんですか？
私が持っているのは工担のうちアナログ第二種免許とデジタル第三種免許です
アナログ第二種免許とデジタル第三種免許！
…？
アナログ
つまり従来の電話回線を工事するための資格です
アナログ
デジタル
電気通信事業法によってアナログ第三種工事担任者以上の資格がないと接続工事は行えません

なるほど…
たしかに町の電気屋さんで電話機やファックスを買うと量販店よりは若干価格が高目だわ
でも　設置工事や設定などを無料でやってくれておまけに　ちょっとした修理もタダでやってもらえるなら町の電気屋さん大いに利用すべきよねぇ！
デジタル第三種工事担任者の資格はさきほど話したＩＳＤＮ工事の資格です
これからの時代はこの資格が必要でしょうね

健介さんは他にどのような資格を持っているんですか？
家庭用電子機器修理技術者資格と石油機器技術管理士資格も持っていますよ
他にも　車の免許とバイクの免許と最近漢字検定なんかも受けました
ほーほー関係のない免許までたくさんお持ちで…
カランカラン…
お客さんだわ
ちょっと失礼
どーぞ…
このオーブントースタータイマーがおかしいのよ
持田さん
じゃあ見てみましょうか…

もう寿命かもね
新品を買ったほうがいいかしら？
これはタイマーの交換ですね…
なぁに新品を買う必要はありませんよ
2〜3日で部品が届きますからすぐに修理できまよ！
じゃあお願いするわ！
ほっ
それと単三の電池10本ほどもらおうかしら
はい単三電池10本ですね！
まいどありがとうございます…
ウチ電

ねぇ祐子 以前 最近の町の電気屋さんでは目まぐるしく進歩する電気製品に対応できないでいるケースが多いって言ってたでしょ
そうよ だから電気屋さん自身が勉強して克服していくしかないわよね
それと様々な資格を取ることで量販店にはできないサービスにつなげていくわけね
そう！なにしろ町の電気屋さんは地域密着型だから地域サービスを徹底しないとダメよね！
それは逆の見方をすれば町の人たちにとって町の電気屋さんはなくてはならない存在ってことよね
今日子ったらいいこと言うわねぇ！
まあね！
地域に必要とされる町の電気屋さんか…
初めは勢いで電気屋さんになるなんて言ってたけど…マジでなれたらいいなぁ そう思う…

●工事担任者が行う工事に係る回線設備および端末設備について従来の資格と改正後の資格における対応関係

（1）新旧資格と回線設備例の対応表

項目	回線設置例	AI種・DD種						アナログ・デジタル種					
		AI第一種	AI第二種	AI第三種	DD第一種	DD第二種	DD第三種	アナ第一種	アナ第二種	アナ第三種	デジ第一種	デジ第二種	デジ第三種
1	すべてのアナログ電話回線	○						○					
2	アナログ電話２～50回線	○	○					○	○				
3	アナログ電話１回線	○	○	○				○	○	○	○	○	○
4	すべてのISDN回線	○									○		
5	ISDN一次群インタフェース１～２回線	○	○								○		
6	ISDN基本インタフェース１回線	○	○	○							○	○	○
7	すべてのデジタル回線（ISDN回線除く）				○						○		
8	DDX等の回線交換のデジタル回線				○	○	○				○	○	
9	100Mbps以下のデジタル回線（ISDN除く）IP－VPN、広域イーサネット、フレームリレー・セルリレー・ATM等のデジタル回線				○	○					○		
１０	100Mbps以下のデジタル回線（主としてインターネット接続のための回線）・FTTH、ADSL等				○	○	○				○		

（2）新旧資格と端末設備例の対応表

項目	回線設置例	AI種・DD種						アナログ・デジタル種					
		AI第一種	AI第二種	AI第三種	DD第一種	DD第二種	DD第三種	アナ第一種	アナ第二種	アナ第三種	デジ第一種	デジ第二種	デジ第三種
1	中・大型PBX(アナログ/デジタル) 内線数201以上	○						○					
2	小型PBX(アナログ/デジタル)、ボタン電話(アナログ/デジタル) 内線数200以下	○	○					○	○				
3	ISDN回線を用いたデータ伝送等	○	○	○							○	○	○
4	電話機、ホームテレホン、FAX等	○	○	○				○	○	○	○	○	○
5	ISDN端末等	○	○	○							○	○	○
6	中・大型P－PBX				○						○		
7	小型P－PBX				○	○					○		
8	IP電話機				○	○	○				○		
9	データ端末、テレックス端末等				○	○					○	○	○
１０	ルータ、LAN、パケット端末、その他回線対応端末				○	○	○				○		
１１	ホーム、SOHO等のルータ/ホームLANおよびこれに係わる端末				○	○	○				○		

※これまでの工事担任者試験問題の内容に加え、セキュリティ技術や設計・施工・安全管理技術およびDD種において問われるIP系技術等の多岐にわたる知識を持っている人が「AI・DD総合種」といわれる資格者となります。ちなみに、工事の範囲について新旧総合種での違いはありません。

第四章　どんな仕事をするの

こういう家電製品は
しょっちゅう
プラグを抜き差しするから
傷みやすいのよね…
一体型プラグは
こうやって切断して
市販のプラグと
交換すれば
いいのよ…
パチン

プラグの種類

プラグには分離型と一体型があります。既成の電気製品は、ほとんど一体型プラグを使用しています。

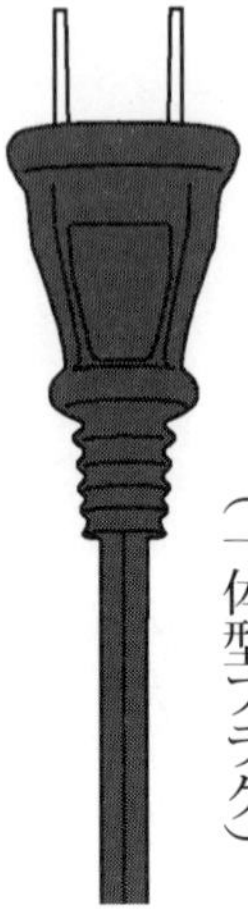

（一体型プラグ）

（分離型プラグ）

ところが、一体型プラグは修理ができません。修理するには、分離型プラグと交換する必要があります。

コードの種類

コードには、一般的なビニールコードと、主に屋外で使用されるキャブタイヤコード、こたつなどの熱を出す器具に使われる袋打ちコードがあります。

（袋打ちコード）

（キャブタイヤコード）

（ビニールコード）

さてと…
健介さんに教わった手順でプラグ交換を始めるわよ…
プラグ交換の手順
①プラグカバーを開ける
②中のねじからコードを外す

③コードの先端を裂く

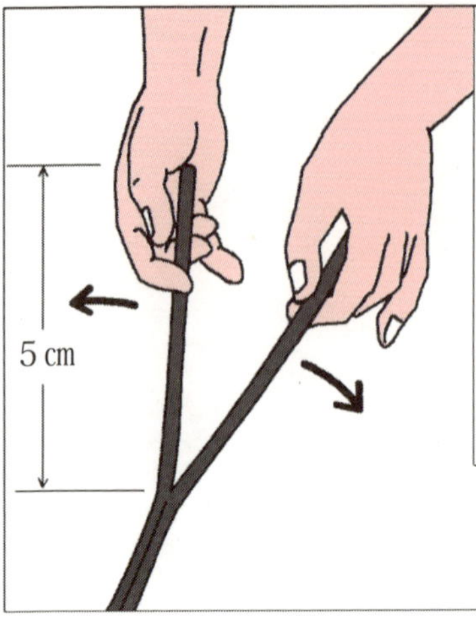

④コードの先端を開く

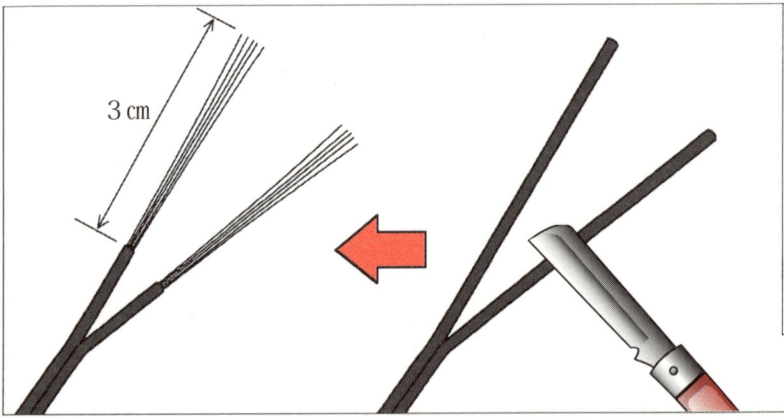

⑤絶縁被覆をはぎ取る

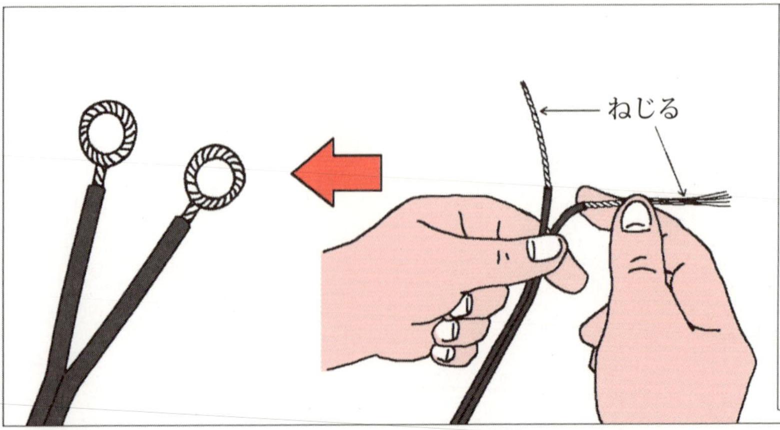

⑥心線をまとめて輪を作る

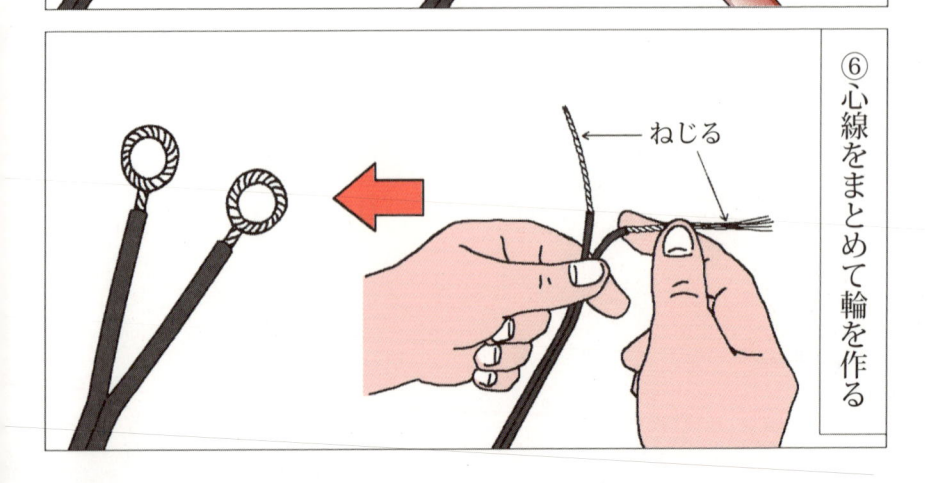

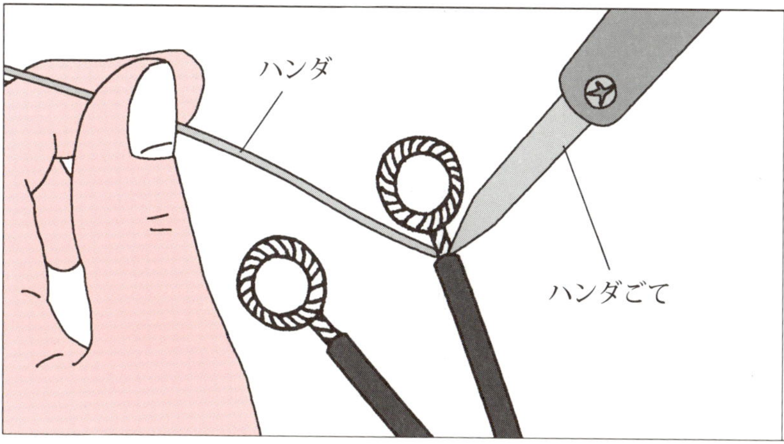

⑦輪の根元をハンダ付けする

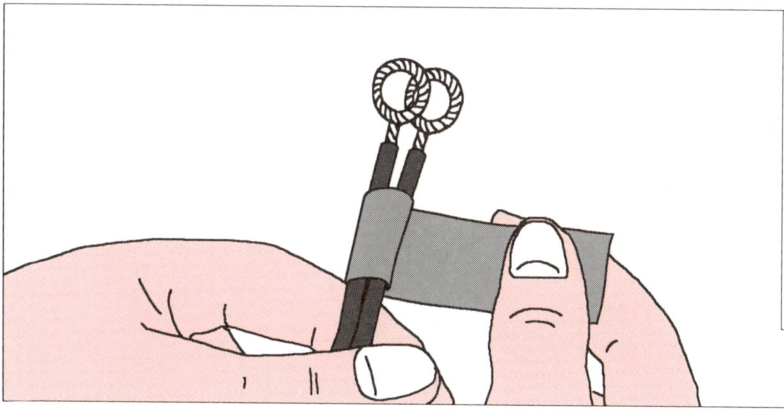

⑧絶縁テープを巻く

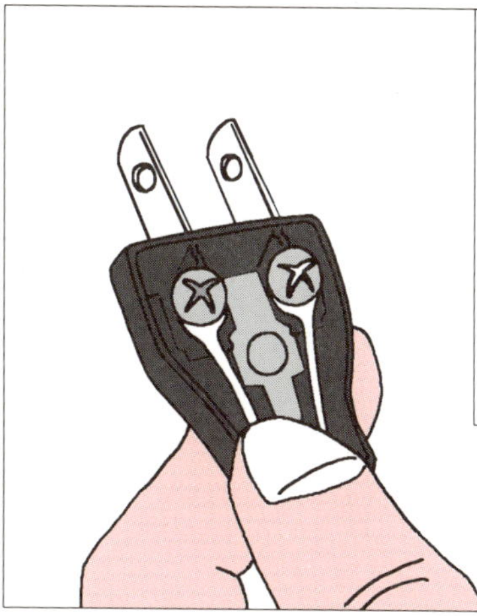

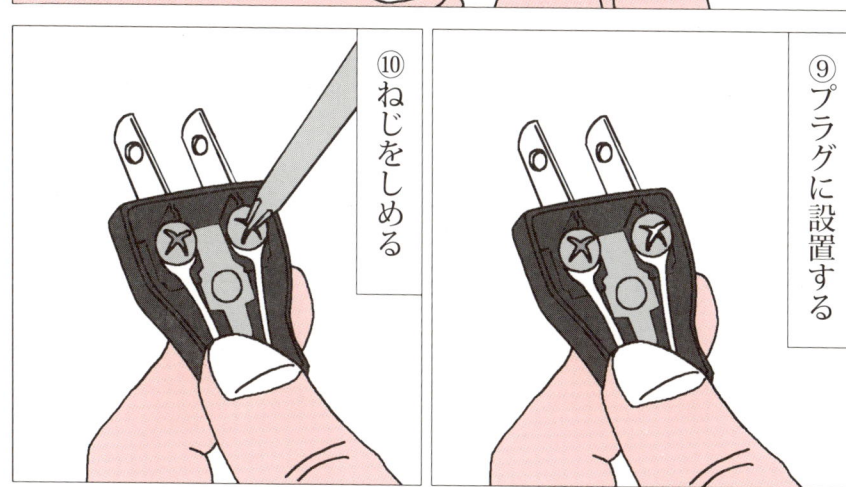

⑨プラグに設置する

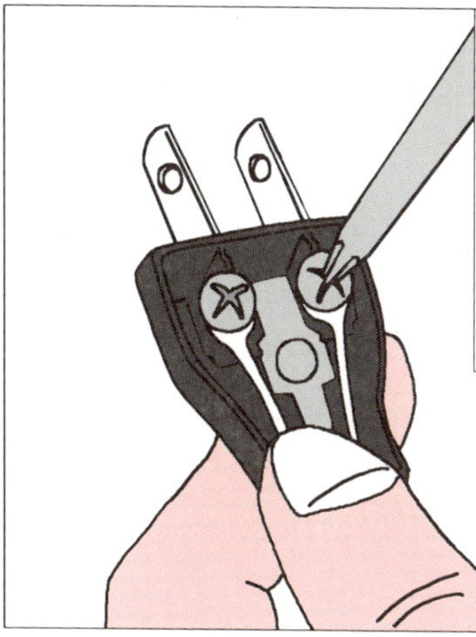

⑩ねじをしめる

⑪プラグカバーを固定する
できた！
ただいまー
おじゃましまーす
ちゃーす
あら！純平君に正春君！
いらっしゃい！

うちのママねぇ電気屋さんになるんだよ！
おぉ〜
すげ〜
まだ電気屋さんになるって決めたわけじゃないけどなれたらいいなぁってねうふふ…
智弘君のママちょーカッコいい！
あらそう？
うん
こんなことできるママっておばさんくらいだよ！
あありがとう…
でもおばさんじゃないでしょおばさんじゃ〜
お姉さんと言いなさい…

ところでおばさん！
ななあに？
おのれ～今度おばさん呼ばわりしたらお菓子半分に減らしちゃうぞ～
電気屋さんてどんなとこなの？
え？
純平君電気屋さんを知らないの？
ええ～っ
うん！
電気屋さんて電気を売ってるんじゃないの？
それは電力会社です！
いいこと！電気屋さんというのは電気製品を売っているお店のことよ！
……

それと電気製品の修理や工事もするらしいよ
そうそう
ふ～ん
他には？
え？他に…？
電気屋さんに他に　お仕事あったかしら…？
でも智弘君のママは美人だし電気の修理は出来るしいいよなぁ～
今度　ぼくの壊れたオモチャ直してくださいね！
美人！
いつでも持ってらっしゃい！
すぐに直してあげるからね！
よーし今日はお菓子いっぱい出しちゃうぞ！
はぁーい
はーい
あ～あ　ママって単純…

Joy's
…近くに来たもんだから
今日子忙しかった？
年中暇よ～
よかった…
ところで祐子
なあに？
電気屋さんてどんなお仕事をするのかしら？
そうね電気屋さんによって若干違いがあるかもね
というと？
まずどんな資格を持っているかによってできる仕事とできない仕事があるわけでしょ
あそうよね！

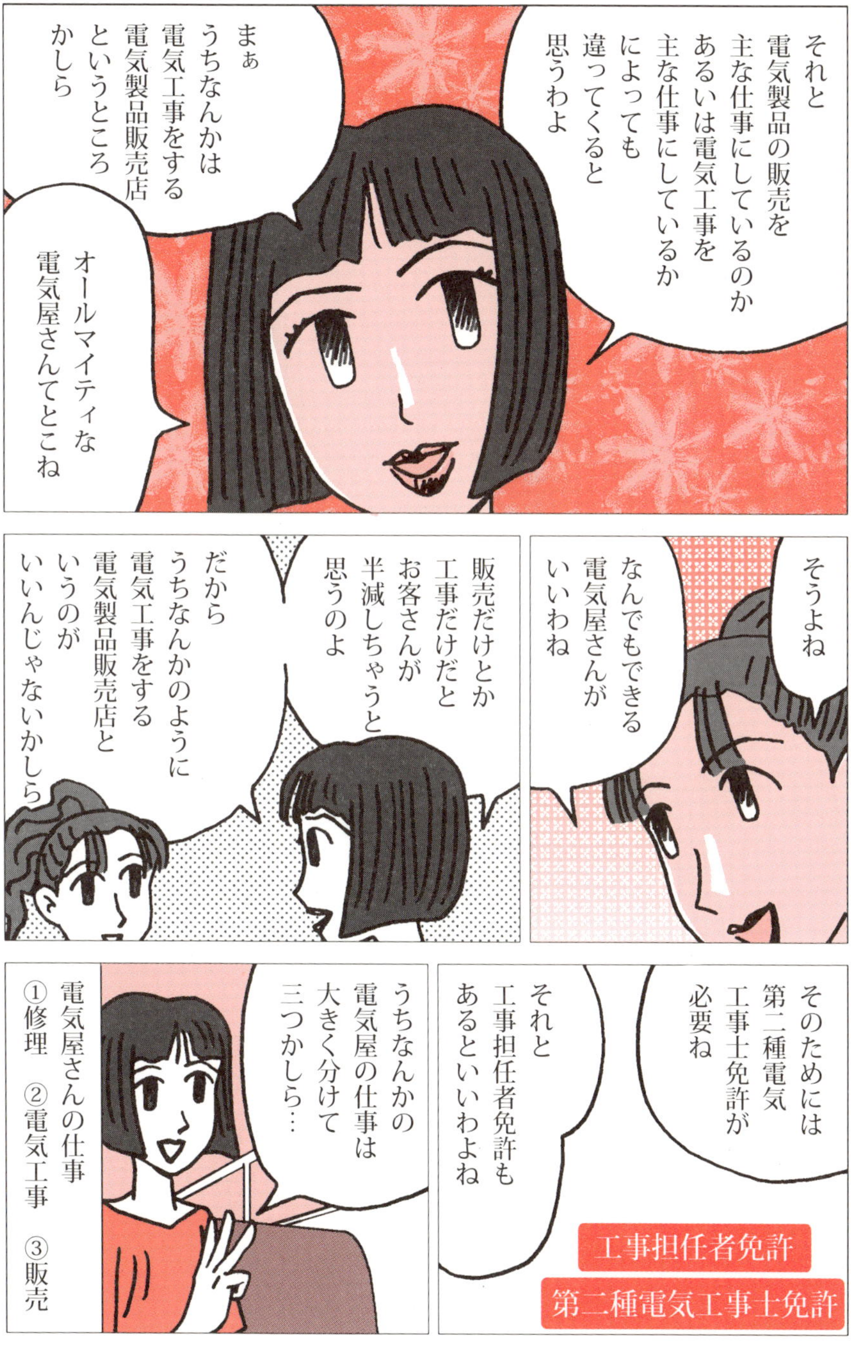
それと電気製品の販売を主な仕事にしているのかあるいは電気工事を主な仕事にしているかによっても違ってくると思うわよ
まぁうちなんかは電気工事をする電気製品販売店というところかしら
オールマイティな電気屋さんてとこね
そうよね
なんでもできる電気屋さんがいいわね
販売だけとか工事だけだとお客さんが半減しちゃうと思うのよ
だからうちなんかのように電気工事をする電気製品販売店というのがいいんじゃないかしら
そのためには第二種電気工事士免許が必要ね
それと工事担任者免許もあるといいわよね
工事担任者免許
第二種電気工事士免許
うちなんかの電気屋の仕事は大きく分けて三つかしら…
電気屋さんの仕事
①修理　②電気工事　③販売

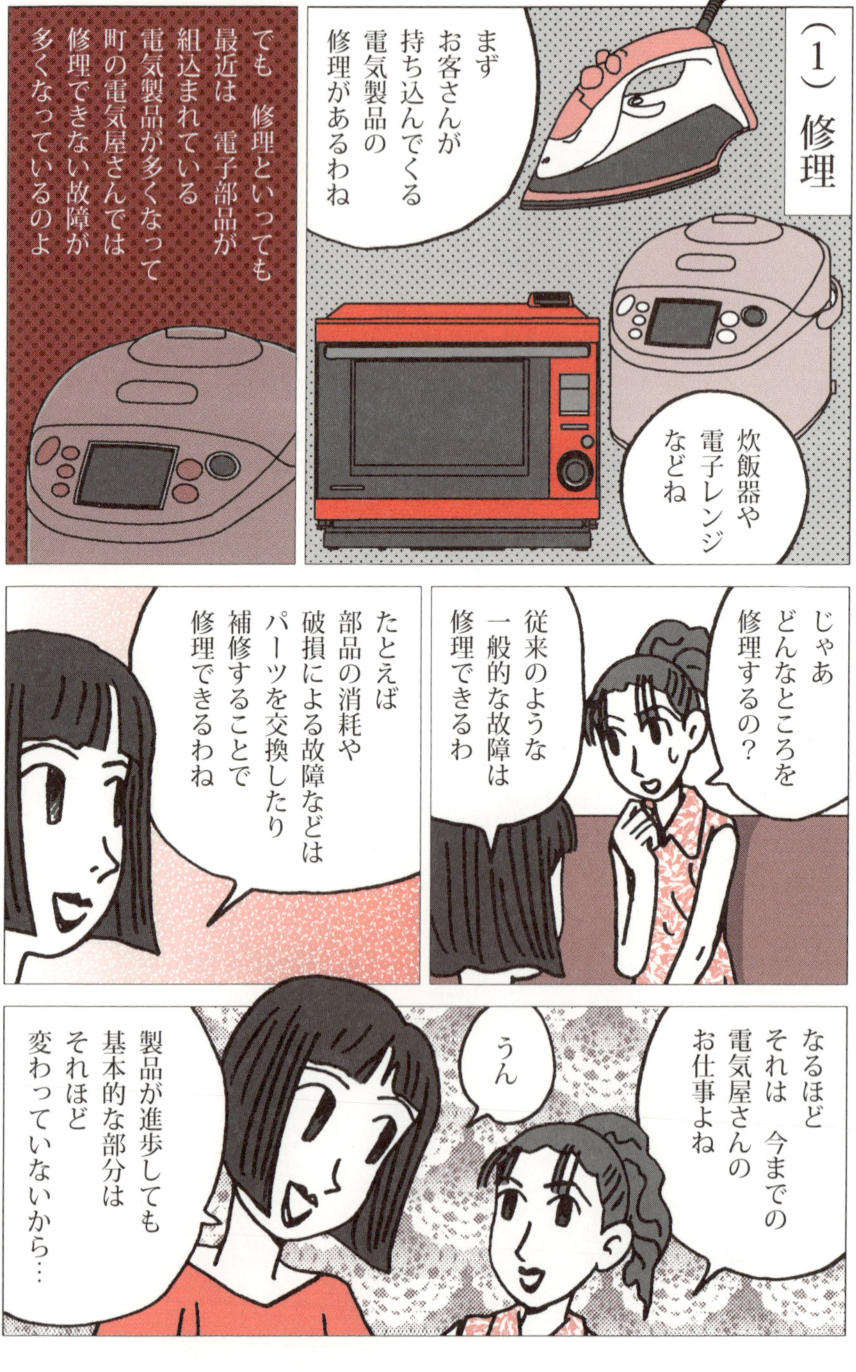
（1）修理
まずお客さんが持ち込んでくる電気製品の修理があるわね
炊飯器や電子レンジなどね
でも　修理といっても最近は　電子部品が組込まれている電気製品が多くなって町の電気屋さんでは修理できない故障が多くなっているのよ
じゃあどんなところを修理するの？
従来のような一般的な故障は修理できるわ
たとえば部品の消耗や破損による故障などはパーツを交換したり補修することで修理できるわね
なるほどそれは　今までの電気屋さんのお仕事よね
うん
製品が進歩しても基本的な部分はそれほど変わっていないから…

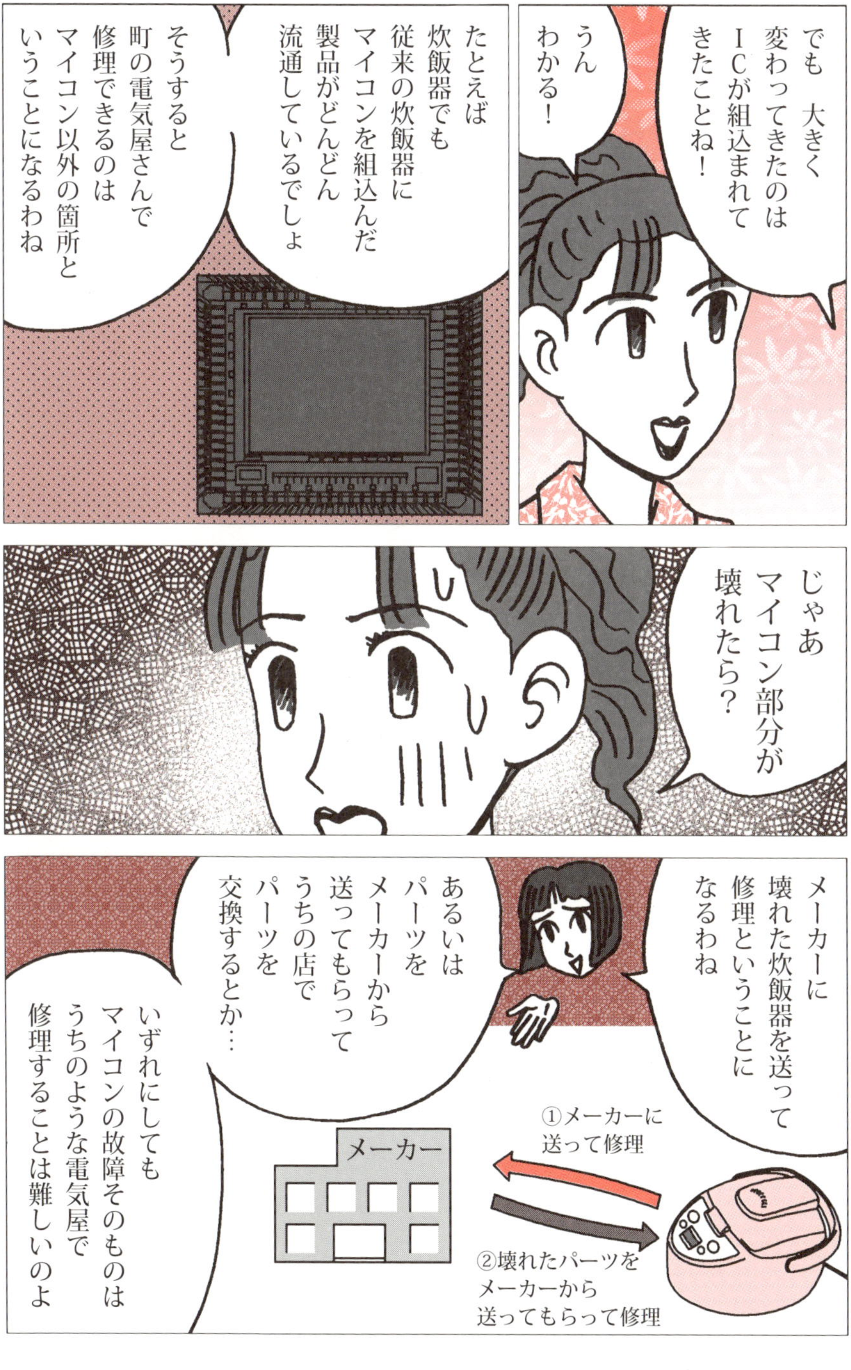
でも　大きく変わってきたのはICが組込まれてきたことね！
うんわかる！
たとえば炊飯器でも従来の炊飯器にマイコンを組込んだ製品がどんどん流通しているでしょ
そうすると町の電気屋さんで修理できるのはマイコン以外の箇所ということになるわね
じゃあマイコン部分が壊れたら？
メーカーに壊れた炊飯器を送って修理ということになるわね
あるいはパーツをメーカーから送ってもらってうちの店でパーツを交換するとか…
いずれにしてもマイコンの故障そのものはうちのような電気屋で修理することは難しいのよ
①メーカーに送って修理
メーカー
②壊れたパーツをメーカーから送ってもらって修理

でも
マイコン部分が
故障することは
少ないみたい
多くの故障箇所は
それ以外の
ハードの部分
らしいわよ
なるほどね
じゃあ　基本的には
ほとんどの故障は
町の電気屋さんで
修理できるってことね！
だけど
パソコン
みいたなものは
ダメね！
最近の
オーディオ類も
そうだけど
ほとんどICだけで
できているような
電気製品は
電気製品であっても
電気屋では
手に負えないわね
あ！
だから　最近の
電気屋さんでは
パソコンなんかを
売っていないのね
そう！
だって
修理できないものは
扱えないわよね
売ったからには
責任があるでしょ

そうね！
最近はＩＣとか液晶とか…
それに有機ＥＬとかが出てきて以前の電気とは随分と変わってきたわよね
あら今日子勉強してるわね
有機ＥＬまで知ってるなんて感心じゃない！
ふふふ
まあね！電気屋さんの心得とでもいうのかしらね
…なにしろうちの主人なんかも新しい商品の勉強が大変なわけよ
新しいテレビやオーディオなどを売ったらその製品を設置して調整までやるわけだから
でも　今日子は勉強が好きみたいだからどうってことないかもね？
ま　まあね　えへへ…

（2）電気工事
買っていただいた製品を設置するのに工事が必要だったりするでしょ
そうよ
電気工事が必要なのにこの免許がなかったら売れるものも売れなくなってしまうわ
だから電気屋さんにとって第2種電気工事士免許は必要不可欠と思っていいんじゃないかしら！
それと住宅会社さんとのつながりもあるわよ
住宅会社と？
家を建てると電気の配線工事が必要でしょ
第2種電気工事士免許があると　それができるのよ
カンカンカン……
へ〜

そうすると給湯器などの電気製品もうちを通して住宅会社に卸すことになるから副次的な仕事が発生するでしょ
住宅会社
（給湯器）
①
スギウチ電器店
②
配線工事
＋
給湯器設置
ほほー
なるほどねぇ！そこまでは考えつかなかったわ！
てことは　もしかして新築の家に設置する照明器具なんかも一緒に売れちゃうとか？
もちろん！
他にも新築する時にテレビや洗濯機や冷蔵庫などを買い替えたりするでしょ
そうそう！他にもエアコンとかね…
ほんじゃさあそういうのも売れちゃったりするわけ？
コクン

いいじゃん!
それってかなり美味しいじゃん!
そうしてご縁のできたお客様を　お店のお得意様としてお付き合いさせていただくってわけなのよ
な なんと!ますます美味しいじゃん!
わお!
…決めたわ!
わたしも第2種電気工事士免許を取って電気屋さんになる!

（3）販売
あと電気屋さんの仕事としては通常の電気製品の販売ね
パートナー契約を結んでいるメーカーさんの製品がメインなんでしょ？
そうよ
でも　それ以外のメーカーさんの商品でも取り寄せることはすぐにできるわよ
ほおー
商品を売るにはその商品についてよく知っていないとダメよね
お客さんに聞かれて知りませんというわけにはいかないものね
そう！扱う商品のほとんどが新製品だから常に新しい知識が要求されるわよ
ねえ祐子新製品が出たとしてお客さんに質問されるとするでしょ
でも電気屋さん自身がその新製品を使ったことがなかったらお客さんの質問に対して的確に答えられないんじゃないの？

そうね
祐子のご主人はそんな場合どうしているの？
うちの主人は新製品が出るとパートナー契約を結んでいるメーカーさんの研修を受けるのよ
そこで　実際に新商品を手に取って扱い方を教わっているわ
なるほど！それなら安心ね！
そうした点もパートナー契約を結ぶメリットかも
そうね新製品が出るたびに自分で購入して扱い方を勉強していたら費用がかかって大変よね
そうよ～
他に電気屋さんのお仕事って何があるの？
いっぱいあるわよ…

たとえば大売り出しの企画を立てたり商店街との連系もあるし電気やさん同士の付き合いもあるし…
帳簿も付けるんでしょ？
もちろん！売り掛け帳も作んなきゃなんないしね
まぁうちではわたしが帳簿付けをやっているんだけど…
結構大変なのよ～
中井川さんとこなんかは当たり前なんだけど領収書をちゃんと取るようにしてあとは税理士さんに任せているみたいね
うちも来年からそうするつもりよ…

第五章　どんなことができるの

Joy's
具体的に電気屋さんてどんなことができるのかしら？
お仕事のこと？
そう…
まず　一般家電の販売と修理ね
それと第2種電気工事士免許がないとできない仕事よね
2種免許でどんな仕事をしているの？

この第2種電気工事士の資格を取得すると一般家庭や小さな商店などの配線器具の取り付けができるわよ
一般家庭の電気工事ができますよ

以前は、2種免許がないと、エアコンの取り付け工事はできませんでした。ところが、法改正によって、資格のない「家電店」でも、エアコンの取り付け工事が、一部できるようになりました。

《エアコンの設置方法》

　おそらく、電気工事店が資格を生かして行う工事として、もっとも多いのがエアコンの設置でしょう。
　ここで、エアコンの一般的な設置工事をご紹介します。

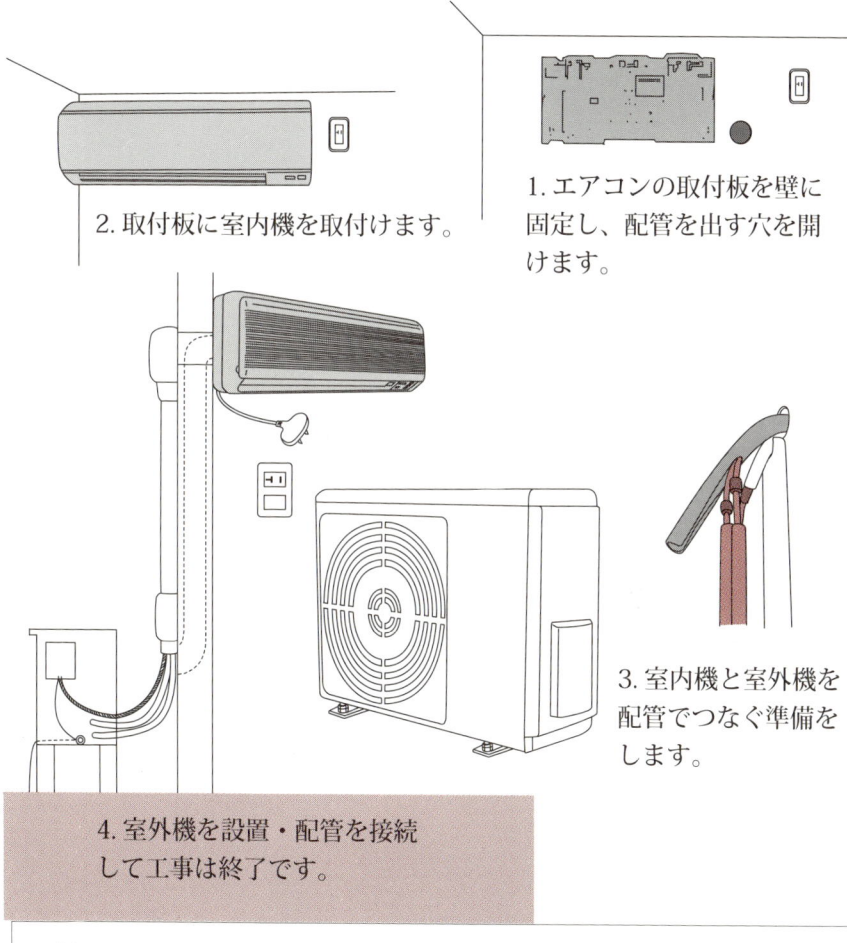

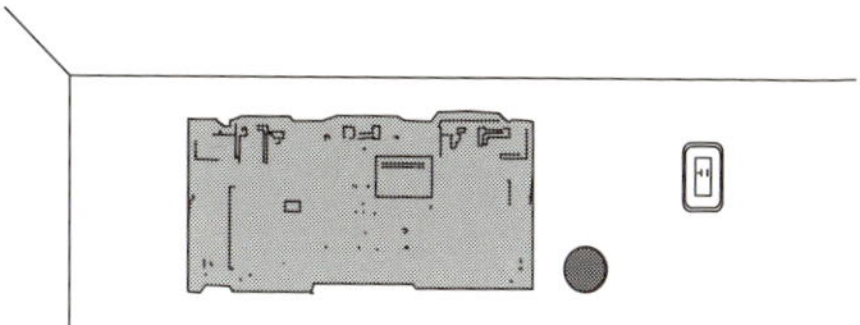

1. エアコンの取付板を壁に固定し、配管を出す穴を開けます。

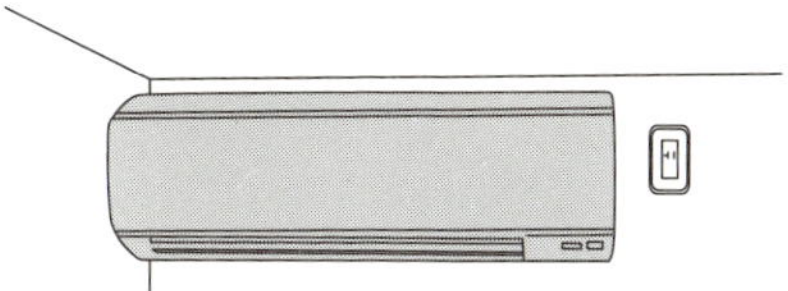

2. 取付板に室内機を取付けます。

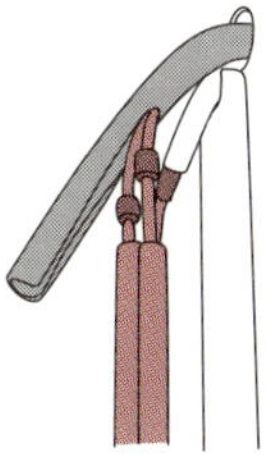

3. 室内機と室外機を配管でつなぐ準備をします。

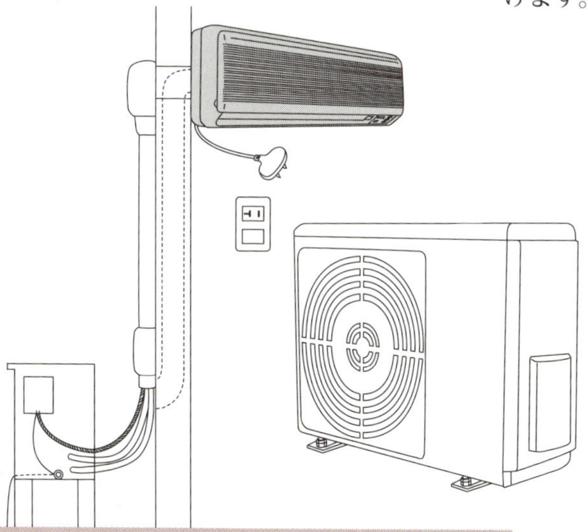

4. 室外機を設置・配管を接続して工事は終了です。

※新たにエアコンを設置しようとしても、設置場所の近くにコンセントがない場合には、新たなコンセントを設置する必要があります。
　これは有資格者の仕事です。天井裏などの配線工事によってコンセント回路を増やし、新たなコンセントを設置することになります。

〔第２種電気工事士の資格が必要な作業〕

（１）電線相互を接続する作業（電気さくの電線を接続するものを除く）

（２）がいしに電線を取り付け、またはこれを取り外す作業

（３）電線を直接造営材その他の物件（がいしを除く）に取り付け、またはこれを取り外す作業

（４）電線管、線ぴ、ダクトその他これに類する物に電線を収める作業

（５）配線器具を造営材その他の物件に取り付け、もしくはこれを取り外し、またはこれに電線を接続する作業（露出型点滅器または露出型コンセントを取り換える作業を除く）

（６）電線管を曲げ、もしくはねじ切りし、または電線管相互もしくは電線管とボックスその他の附属品とを接続する作業

（７）金属製のボックスを造営材その他の物件に取り付け、またはこれを取り外す作業

（８）電線、電線管、線ぴ、ダクトその他これらに類する物が造営材を貫通する部分に金属製の防護装置を取り付け、またはこれを取り外す作業

（９）金属製の電線管、線ぴ、ダクトその他これらに類する物またはこれらの附属品を、建造物のメタルラス張り、ワイヤラス張りまたは金属板張りの部分に取り付け、またはこれを取り外す作業

（10）配電盤を造営材に取り付け、またはこれを取り外す作業

（11）接地線を一般自家用電気工作物（電圧６００〔Ｖ〕以下で使用する電気機器を除く）に取り付け、またはこれを取り外し、接地線相互もしくは接地線と接地極とを接続し、または接地極を地面に埋設する作業

（12）電圧６００〔Ｖ〕を超えて使用する電気機器（電気さく用電源装置を除く）に電線を接続する作業

※がいし…電柱や鉄塔に設置してあります。電線を連結し、電気が鉄塔などに流れないようにするための磁器製の絶縁物です。

※線ぴ…通常はモールと呼ばれ、見た目をスッキリさせたり、あるいはつまずいて転ぶのを防ぐために、電線を通す配線材料のことです。

他にも　たとえば主人が話したようにアナログ第三種工事担任者資格以上の免許があれば電話回線の配線工事ができるわよね
あ　そうだったわね！
電話やファックスなどの接続工事は免許がないとできない仕事だわ
電気通信事業法によって、有資格者以外は電話回線などの接続工事はできないことになっています。
電気屋さんで石油ストーブや石油ファンヒーターも扱ってるわよね？
うちでも扱っているわよ
なんか特別な資格が必要なの？
特別でもないけど石油機器技術管理士といってストーブ等の石油機器の設置や修理知識保有者の証しというのはあるわよ
ご主人も持ってるの？
うん

すごいなぁ…
祐子のご主人て…
じゃあ ガスストーブや ガスファンヒーターは どうなの?
資格は 必要なの?
特別な資格は 必要ないと思うけど たしか… ガス可とう管接続工事 監督者とかの証明書は 主人が持ってるわよ
うっわ〜 祐子のご主人て 何でも 持ってるわね〜
他には もう 持ってないと 思うわよ
でも マジ すごいわ〜
えへへ
尊敬 しちゃう〜

ガス可とう管による接続は、接続部の保安水準の向上を図る目的から、強化ガスホース等ガス可とう管によるねじ接続が広く採用されています。強化ガスホースや金属可とう管を用いて、ガス機器とガス栓の接続工事を行う場合、接続部の保安水準の向上を図るため、所定の知識および技能を有する監督者の基で工事が行われる必要があります。

このため、ＪＩＡ（日本ガス機器検査協会）では、ガス可とう管接続工事監督者に所定の知識・技能を習得して頂くことを目的として講習会を開催しています。

この講習を終了すると、ガス機器の接続工事を広く一般の方でも行えるようになります。

修了者は、ガス可とう管接続工事監督者 に登録されます。

じゃあ　この　登録証を　持っていれば　ガスの配管工事も　できるって　ことね？
いいえ　それは　また別よ

そ　そうなの？
何ていったかしら…
たしか　管工事施工管理技士　とかいうものだったわね…
ふ～ん　ほんとに　いろいろ　あるのね…

管工事施工管理技士

1・2級管工事施工管理技術検定試験に合格した者は、技術検定合格者となり、所定の手続きを踏んで、国土交通大臣から技術検定合格証明書が交付されます。それが、1級・2級管工事施工管理技士です。

この技術検定合格者については、建設業法で定められた専任技術者（建設業許可）・主任技術者・監理技術者（現場常駐）としての資格が与えられます。

ただし、この管工事施工監理技士の対象者は、以下の工事（補修工事を含む）業者、従事者および経験者となっております。

冷暖房設備／冷凍冷蔵設備／空調設備／給排水・給湯設備／厨房設備／衛生設備／浄化槽設備／水洗便所設備／ガス管配管設備／ダクト設備／管内更正／消火設備配管／排水施設／上水道下水道配管土木関連業者等。

ちなみにガス事業者が必要な免許はガス主任技術者免許とかいうのよ
ご主人はやっぱり持ってるの?
うん持ってる
管工事施工管理技士もガス主任技術者免許も持ってるわよ
ひえぇぇ~
す・ご・す・ぎぃ~
なんでも持ってるぅ~

でも
そうした免許は
すべて必要と
いうわけじゃ
ないのよ
だって
本業は電気屋
なんだから
そ
そうよ
ねぇ…
本業は電気屋です

ガス主任技術者免許

ガス事業者は、ガス事業法第31条第1項の規定により、ガス主任技術者免状の交付を受けている者であって、経済産業省令で定める実務経験を有する者のうちから、ガス主任技術者を選任し、事業場ごとにガス工作物の工事、維持及び運用に関する保安の監督をさせなければなりません。

ガス主任技術者免状の種類（甲種、乙種及び丙種の3種類）に応じてガス工作物の工事、維持及び運用に関する保安の監督をすることができる範囲は、ガス事業法施行規則第37条の規定により、次のとおりとなっています。

（1）甲種ガス主任技術者免状　ガス工作物の工事、維持および運用。

（2）乙種ガス主任技術者免状　最高使用圧力が中圧及び低圧のガス工作物並びに特定ガス発生設備等にかかわるガス工作物等の工事、維持および運用。

（3）丙種ガス主任技術者免状　特定ガス発生設備にかかわるガス工作物の工事、維持および運用。

第六章　こんな修理はお手のもの

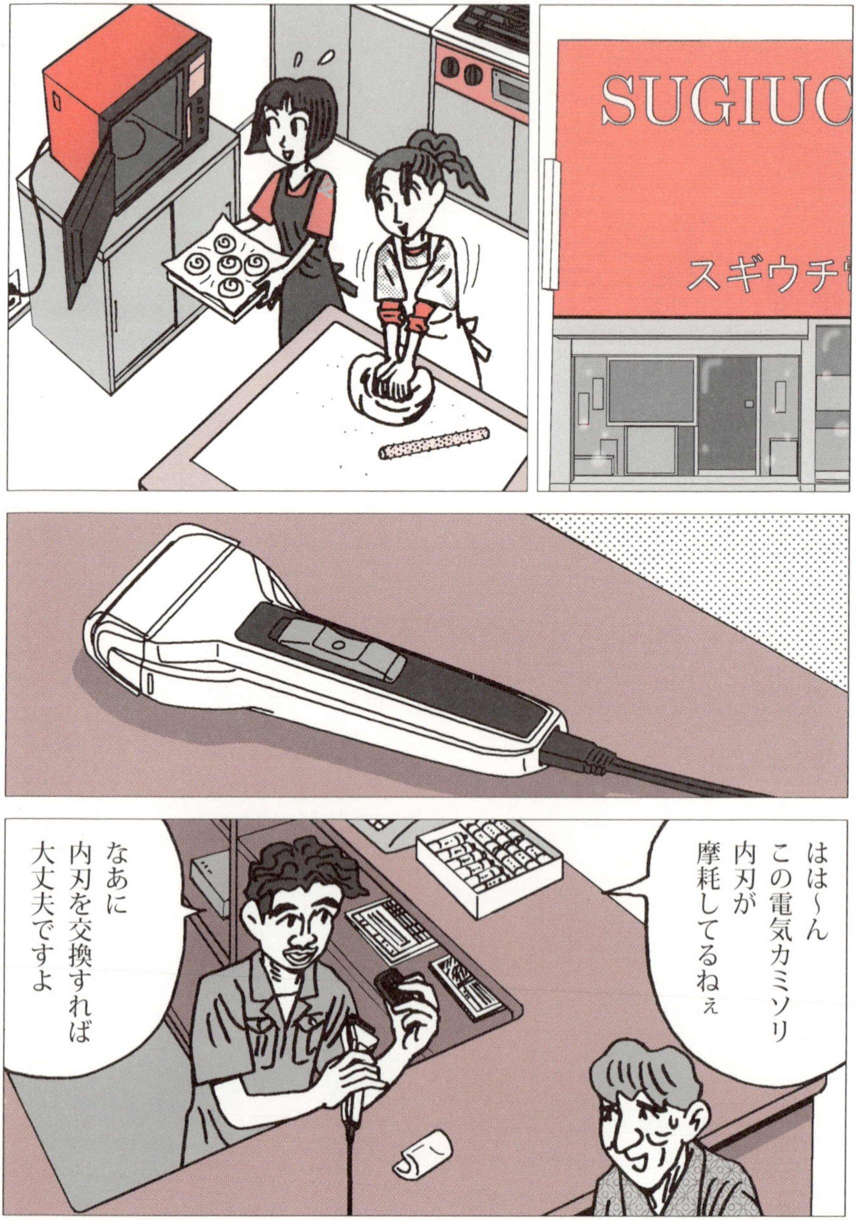

あなたー パンが 焼けたわ よぉー
どうです竹中さん 焼きたてのパンを 一緒に食べて いきませんか？
ほおー そりゃあ ありがたい！
イヤ〜 美味しいよ！
ほんと 美味しい！
今日子 ありがとう！ わたしにも パンが焼けたわ！
いえ〜い！
いえ〜い！
スギウチ電器店
わはは はは
はは は…

健介さん簡単にできる修理とかってありますか？
ありますよ
ぜひ教えてください！
みんなを驚かせてやりたいんです！
ははは いいですよ！
たとえばリモコンです各ご家庭に数個はありますよね
ええ うちにもテレビやビデオなど5～6個ありますね
じゃあ リモコンのボタンを押しても反応しない経験があるでしょ？
ありますよぉ～
何度押しても強く押したってスイッチが入んないときってありますよね～
それで 機器本体の故障だろうと思っちゃう人が結構いるんですよね

ときどき そういう お客さんが 来るのよ
で 主人が調べてみると 本体は なんともなくて 単なる電池切れ だったりするのよ
ええ～ そ そんな人 ほんとに いるんですか～
マジでえ～
じつは 今日子自身 同じような過ちで リモコンの電池切れを テレビの故障だと 勘違いして 修理を依頼した 経験があるのでした
わ わたし だけじゃ ないんだ…
ど どうやって 電池切れか どうかを 確認するんですか？
簡単ですよ
CD ラジカセ
いいです か…

今AMラジオを放送局がない周波数にセットしました
ザアァァーー…
たしかに…ザーっていってますね…
じゃあいいですか…
ピィィーー…

ね！こうしてリモコンのスイッチを入れてラジオにくっつけたときピーという音が聞こえたらリモコンは作動しているということです
ピイイィーー…
つまり電池切れではないということになります！
へえ～
じゃあピーという音が聞こえなかったら電池切れということね！
そうです！電池切れなら電池を交換すればいいわけです！
なるほど！
他にもまだ調べる方法がありますよ…
なんと！
まだある！

リモコンの先端部分をビデオカメラのファインダーで覗き、リモコンのボタンを押します。じつは、リモコンの先端からは赤外線が出ていて、ビデオカメラは人間の目には見えない赤外線を感知するので、ビデオカメラのファインダーで覗くと、リモコンの先端部分が光るのを確認することができます。
光れば、リモコンが作動している証拠です。
光らなければ、リモコンの電池切れということになります。
HD
今日子さんのお宅ではＴＶの録画はＶＨＳのビデオデッキですか？
それともＤＶＤですか？
両方使っています
でもＶＨＳの方が使い慣れているわね
ときどき映りが悪かったりするけど…
それならヘッドクリーナーを使うといいですよ

※ヘッドクリーナーは、見た目はビデオテープと変わりません。

で何なのそのヘッドクリーナーって？
脳ミソのお洗濯？
ヘッドやテープが走行する部分を掃除してくれるのよ
ふ～ん便利ねぇ！
やれやれ…
ヘッドクリーナーには乾式と湿式の2種類あります
乾式
湿式
急に映像が乱れたら乾式を使うといいですよ
湿式はヘッドへの負担が少なく乾式はメカ系統への負担が少ないのが特徴です
じゃあそのヘッドクリーナーを使えば画質が悪くなった場合に改善されるのね？
ええ！

な〜んだ
簡単じゃないですかぁ!
ええ簡単ですよ
通常のビデオテープと同じように、ヘッドクリーナーをカセットデッキにセットします。そして、15〜30秒間くらい再生すれば、画質が改善されます。
…うちの主人がいただいたカセットですけど内容が必要なくなったので上から重ねてTVの映画を録画しようとしたけどできなかったんです
どうしたら録画できるんですか?
おそらくツメの部分が折れていると思いますよ
このように…

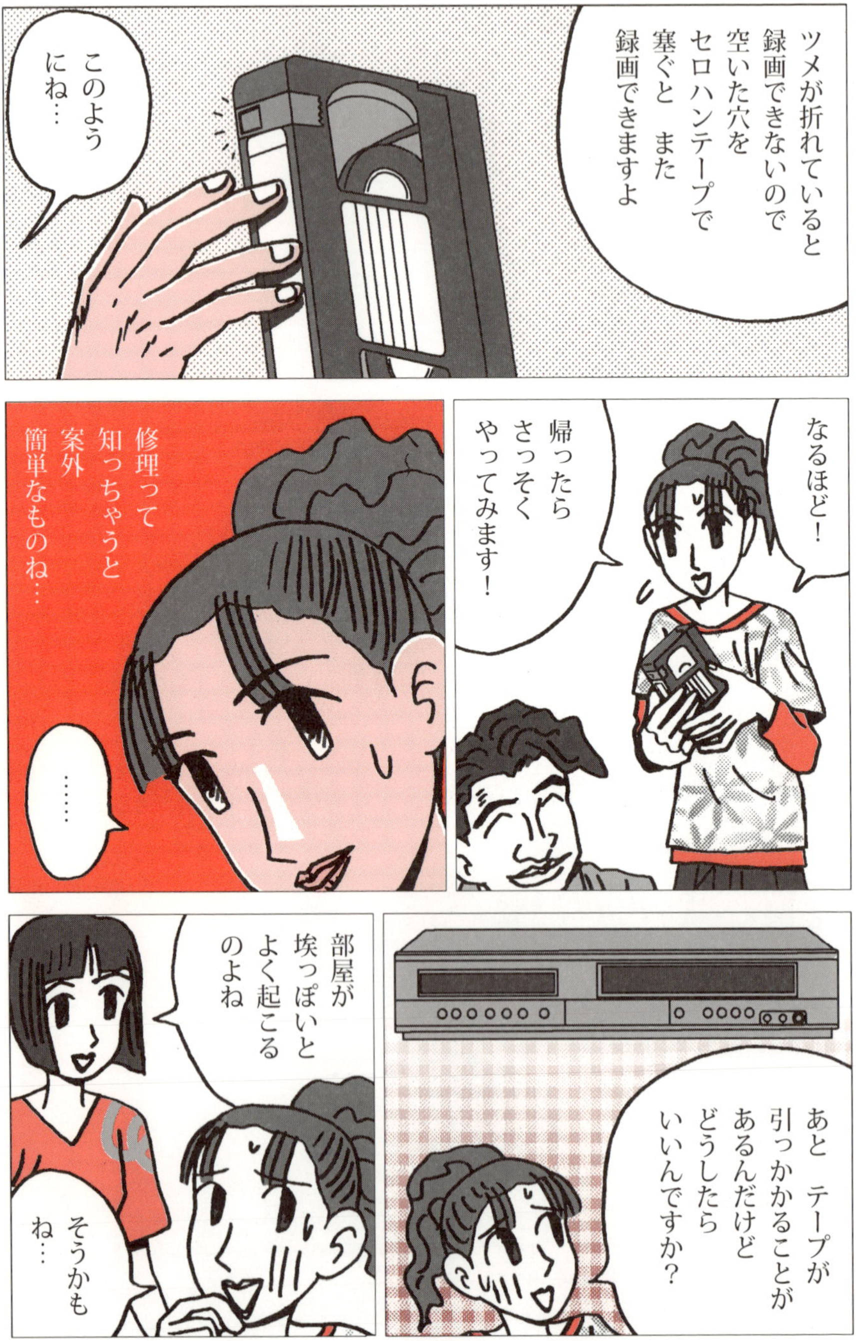
ツメが折れていると録画できないので空いた穴をセロハンテープで塞ぐと　また録画できますよ
このようにね…
なるほど！
帰ったらさっそくやってみます！
修理って知っちゃうと案外簡単なものね…
……
あと　テープが引っかかることがあるんだけどどうしたらいいんですか？
部屋が埃っぽいとよく起こるのよね
そうかもね…

冬の間とかは窓を開ける回数も少なくなるし埃っぽくなるわよね
うん わかる…
この場合はビデオデッキの本体を分解する必要があるね！
え〜大変じゃないですか〜
ぶ
分解て……
何いってんのよ今日子
電気屋さんになろうって人がデッキの解体くらいなによぉ！
ぐすん……
そ そうね…
クル
クル
クル…

いいですか…
へ～ビデオデッキってこうなってるんだ…
この辺がテープの通り道だけどこの部分にはテープから剥がれた磁性体などが付着しているんですよ
そのためにテープの走行を邪魔して不安定にさせているんです！
てことは付着物を取り除けばいいのね？
そうです
こうした綿棒をアルコールに浸してテープが走行する箇所の汚れを拭いてあげるわけです
なるほど！
簡単ですね！
な～んだ
まぁここまではたいしたことないですよ
ただし部品が劣化していたら綿棒で拭き取るだけでは改善されません
どうしたらいいんですか？

消耗品が劣化したら交換するのが一番です！
それは電気屋さんのお仕事ですよね？
これくらいは一般のご家庭ですぐにできますよ！
そうなの…？
まず部品の劣化で最も多いのはピンチローラーの劣化です
こいつを新品と交換してやればいいわけです！
ピンチローラー
ピンチローラーは千円くらいです
メーカーに連絡して取り寄せて自分で交換すると安上がりですよ
いいですかこうやって交換するんですよ…

ピンチローラーの交換手順
①ワッシャを取り外す
ワッシャ
ピンチローラー
まずワッシャをピンセットなどで取り外します
②スプリングを取り外す
スプリング
次にワッシャの下にスプリングがあるのでピンセットやラジオペンチなどで取り外します
③ピンチローラーの交換
そしてピンチローラーを新品と交換します

帰ったらさっそくやってみます！
みんなビックリすると思うわ！
いえ…！
ところでDVDプレーヤーはどうですか？
修理は難しいのかしら？
似てるけど…
いえそんなことはありませんよ
最近はTVの録画などをビデオデッキからDVDプレーヤーに換える人が増えましたけど
故障やトラブルもビデオデッキと同じようなものです

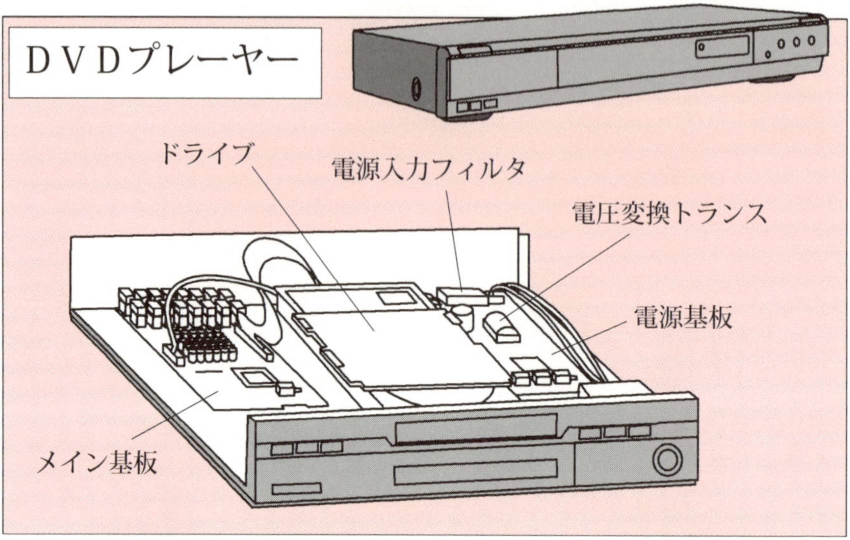
ＤＶＤプレーヤー
ドライブ
電源入力フィルタ
電圧変換トランス
電源基板
メイン基板

そうですよね
うちのＤＶＤプレーヤーも音が出なかったり映りが悪いんですよ
それとディスクをうまく読み込まなかったりね
そうそう！そうなのよ～
今日子さんの家のＤＶＤプレーヤーは音は出るんですか？
ええ 音は出るんですけど画質が悪いんですぅ

それなら考えられる原因は2つですね
まず映像ケーブルの不良でしょう
映像ケーブル？
たいていのDVDプレーヤーはビデオデッキもそうだけど本体の後ろ側にケーブルの差し込み口があるわよ
ああなるほど！
あれね！
そのケーブルを一度抜きます
そして再度差し込んでみてください！

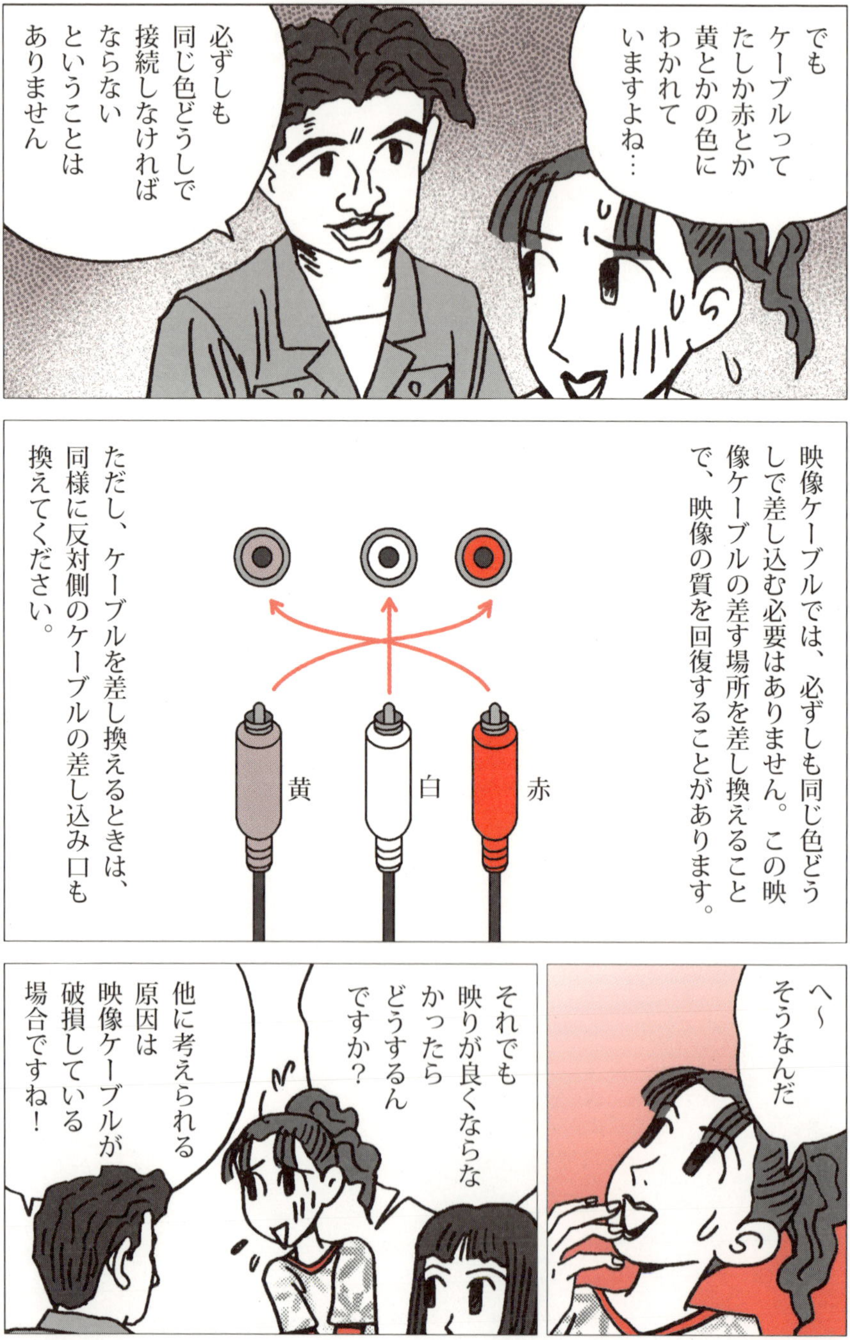
でもケーブルってたしか赤とか黄とかの色にわかれていますよね…
必ずしも同じ色どうしで接続しなければならないということはありません
映像ケーブルでは、必ずしも同じ色どうしで差し込む必要はありません。この映像ケーブルの差す場所を差し換えることで、映像の質を回復することがあります。
赤
白
黄
ただし、ケーブルを差し換えるときは、同様に反対側のケーブルの差し込み口も換えてください。
へ〜そうなんだ
それでも映りが良くならなかったらどうするんですか？
他に考えられる原因は映像ケーブルが破損している場合ですね！

もしかして炊飯器の電源コードのように内部で断線してたりとか？
そうです
ただし　ここで使われているのは炊飯器などの一般的なコードとは違いますよ
やっぱり…
同軸ケーブルといって太くて丸いケーブルです
これが同軸ケーブルよ！
これ見たことある！
そりゃそーでしょう！
あんたんとこのテレビにもこれを使ってるはずだから！
同軸ケーブル

コネクタの種類

ネジ式コネクタ

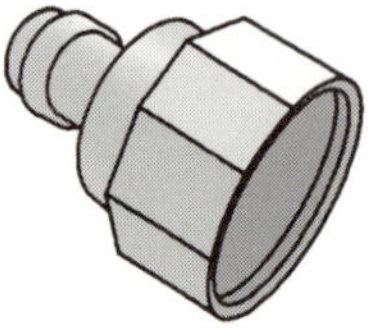

価格が安く、しっかりとネジをしめておくと、はずれる心配がほとんどありません。

ワンタッチ式コネクタ

ネジ式より、取り付けが簡単です。

同軸ケーブルの種類

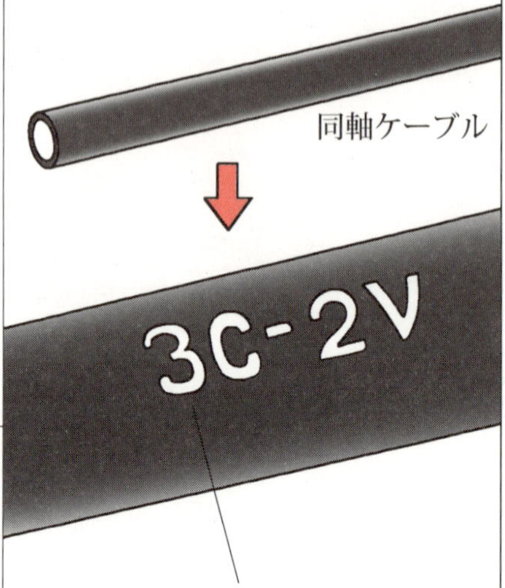
同軸ケーブル
3C-2V

被覆に同軸ケーブルの種類が記されています。ケーブルを交換するときは、なるべく同じ種類のケーブルを用意しましょう。

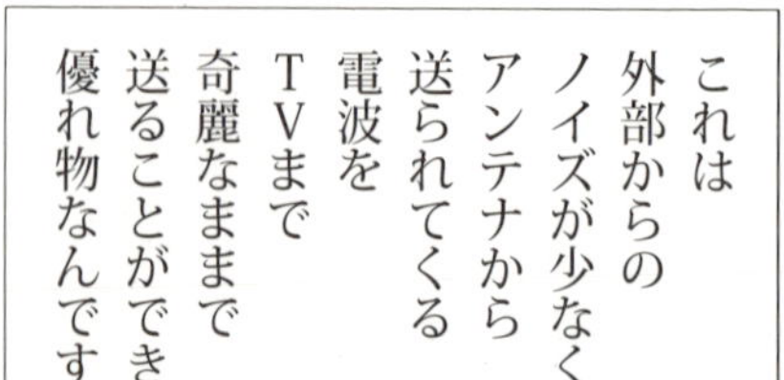
これは外部からのノイズが少なくアンテナから送られてくる電波をＴＶまで奇麗なままで送ることができる優れ物なんですよ！

つまり　この同軸ケーブルが破損すると映像が悪くなるってことですね！
そうです！

この中に
ピンが
あるの
ね…

同軸ケーブルは、不平衡な電気信号を送るために、特性インピーダンスが規定されている電線です。用途は様々で、主にテレビ受像機や無線機とアンテナの接続、音声や映像信号の伝送に用いられます。この同軸ケーブルは、外部への電磁波の漏れが少なく、また、ある程度の折り曲げが可能であるなどの特徴があります。
接続には、専用のコネクタが必要です。

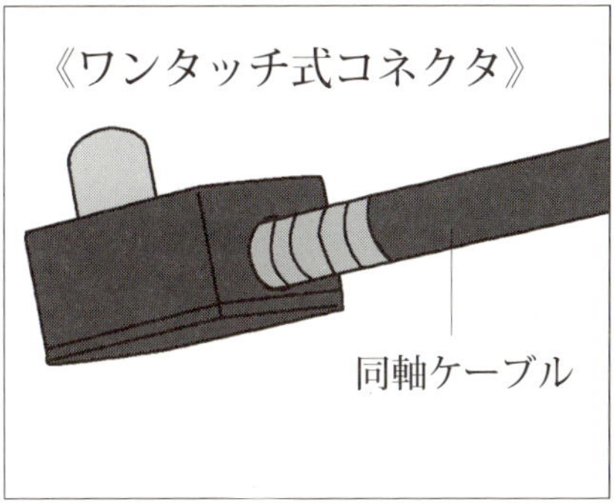
《ワンタッチ式コネクタ》
同軸ケーブル

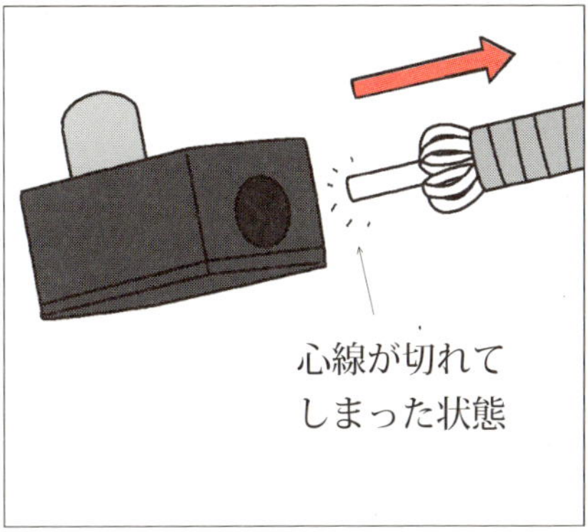
心線が切れてしまった状態

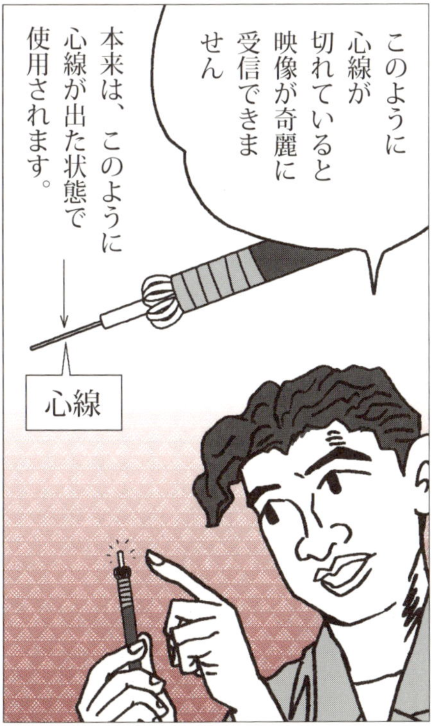
このように心線が切れていると映像が奇麗に受信できません
本来は、このように心線が出た状態で使用されます。
心線

そこでペンチで同軸ケーブルを5センチほど切断します…
心線が切れた同軸ケーブル
そして被覆をはぎます…

同軸ケーブルの補修

①同軸ケーブルの被覆をはぎ取る

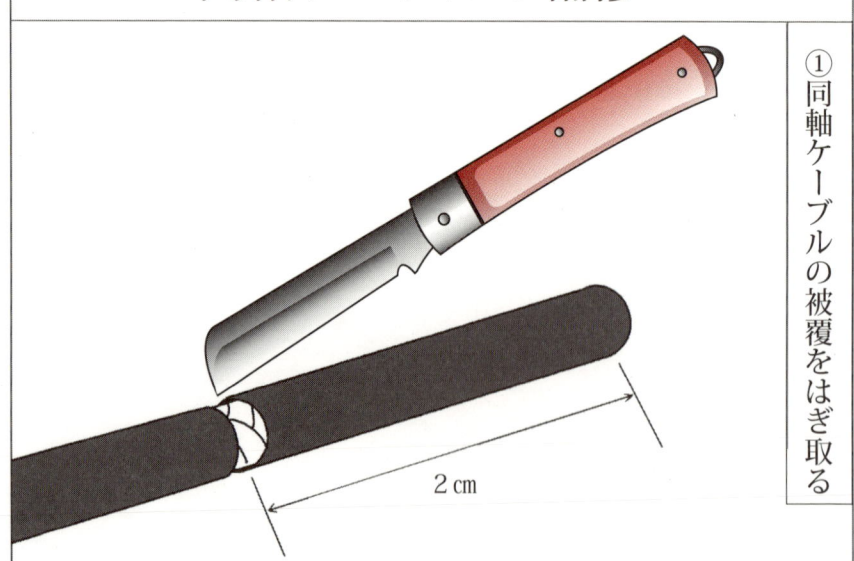

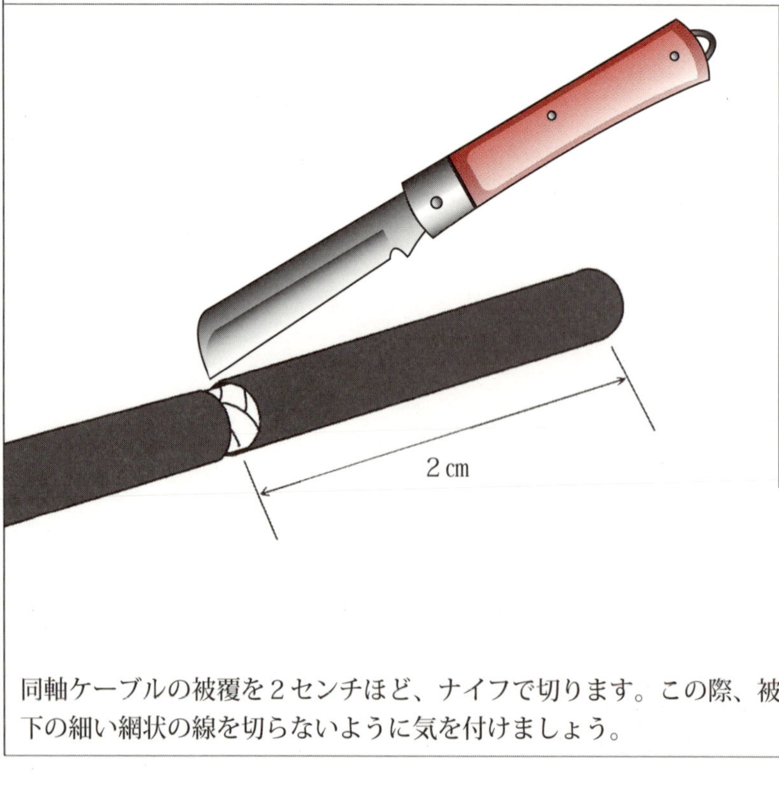
2㎝

同軸ケーブルの被覆を2センチほど、ナイフで切ります。この際、被覆の下の細い網状の線を切らないように気を付けましょう。

②同軸ケーブルの被覆をはぐ

ナイフで切った部分の被覆を、
同軸ケーブルからはぎ取ります。

③網線の処置

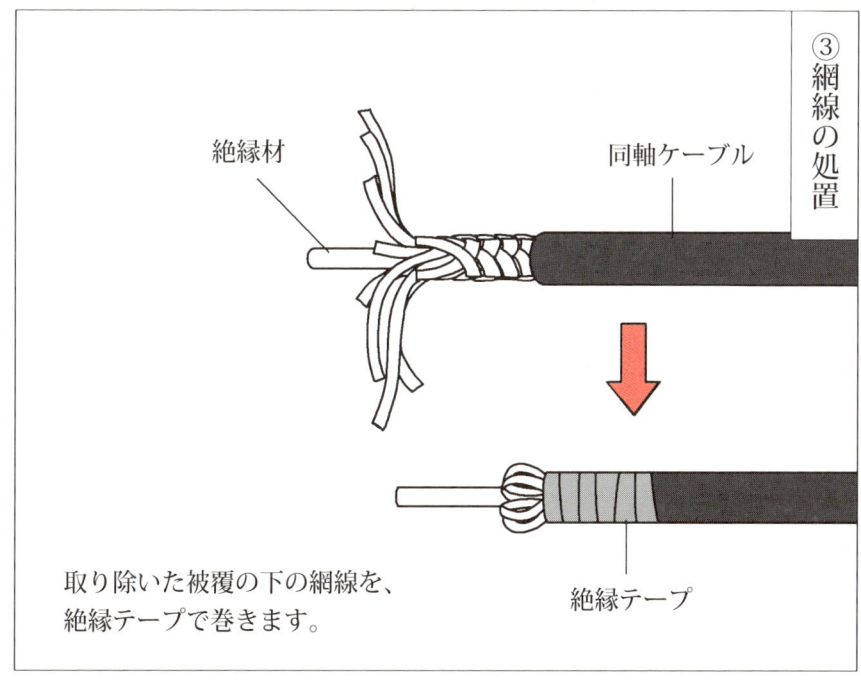

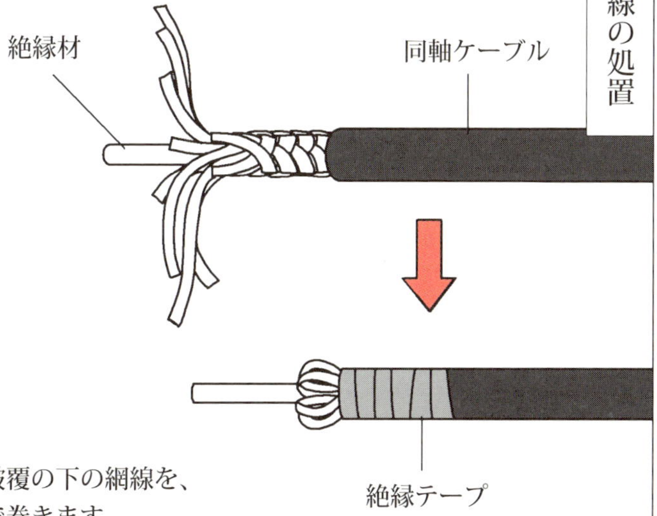

取り除いた被覆の下の網線を、
絶縁テープで巻きます。

④絶縁材から心線を出す

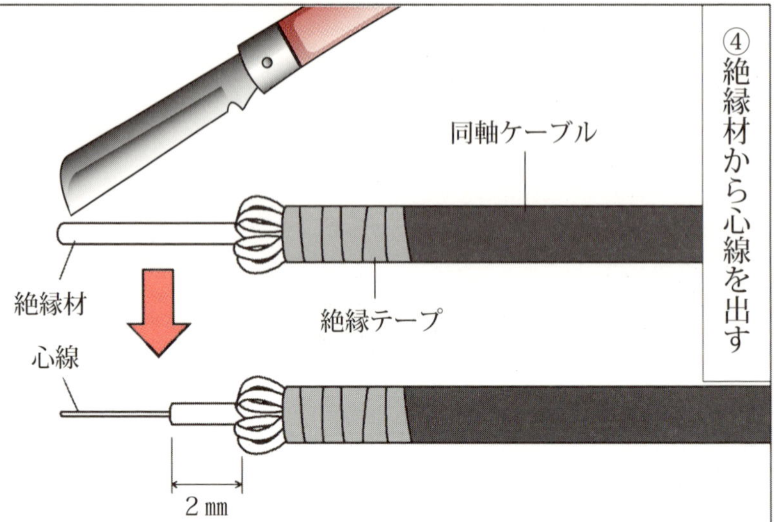
同軸ケーブル
絶縁材
絶縁テープ
心線
2 ㎜

網線に埋もれた中から、絶縁材が出てきます。さらに、その絶縁材の被覆をナイフやニッパで切り除き、心線を出します。

⑤コネクタを取り付ける

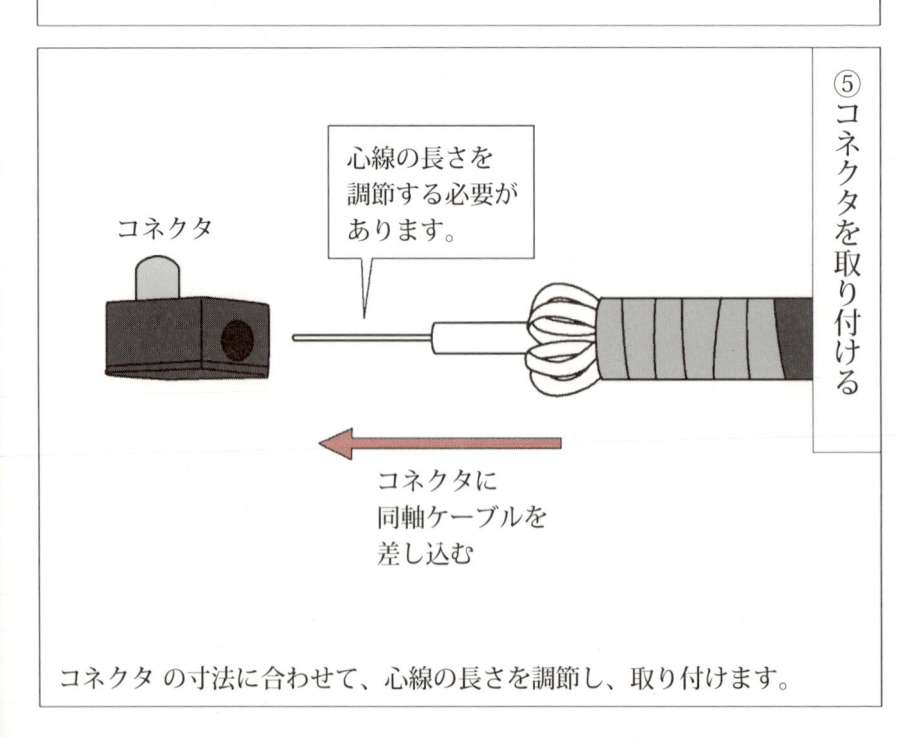

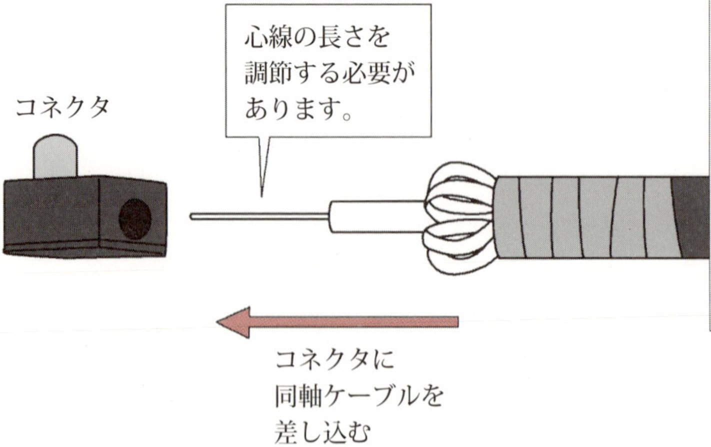
心線の長さを
調節する必要が
あります。
コネクタ
コネクタに
同軸ケーブルを
差し込む

コネクタ の寸法に合わせて、心線の長さを調節し、取り付けます。

これで音が出るのに画質が悪い状態は改善されるはずですよ！
ところが…
それでも改善されない場合はプレーヤーの映像回路の故障が考えられます
どうすればいいんですか？
これはもうわたしたち専門家の仕事です！
つまり一般の方がご自分で分解して修理することはやめたほうがいいってことでしょ
そういうこと！
わかりました！

ところで音も出なければ画質も悪い状態ならどうすればいいんですか？
その場合はおそらくＤＶＤプレーヤー本体の問題ではなくピックアップレンズやディスクの汚れが原因でしょう！

ＤＶＤ専用のレンズクリーナーがあります
それをディスクに入れて再生することでピックアップレンズを掃除することができますよ
レンズクリーナー
へぇ〜
およそ数十秒で掃除してくれます

さらにディスククリーナーでDVDを奇麗にします
CDクリーナー
ねぇ今日子
あんたDVDをいつもどうやって持っているの？
ギュッ
こうかな…
あ〜あ〜ダメよそんなふうに持ったらぁ〜
どうして？
ベットリ……
DVDに指紋がベットリと着いちゃうじゃないの〜
そうした指紋なども画質や音に影響しているわけです
いい！
DVDやCDはこうやって持つのよ！

なるほど
こうね…
今度から
こうやって
持つわ！
そう
そう

ディスククリーナーで汚れを取る

①ディスクが汚れすぎていたら、ディスククリーナーで掃除しましょう。

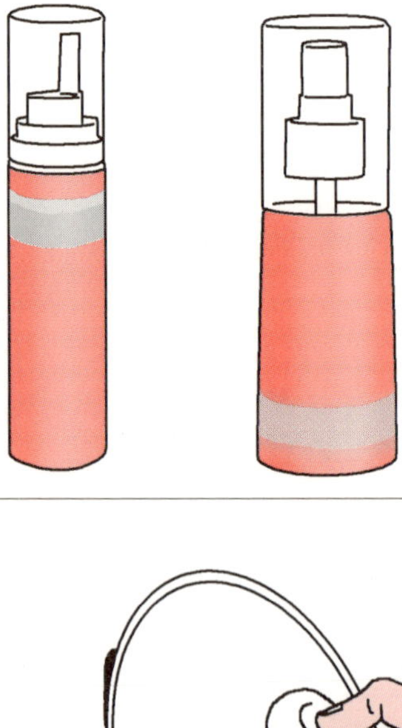

②その際に、ディスクに傷を付けないように気をつけましょう。

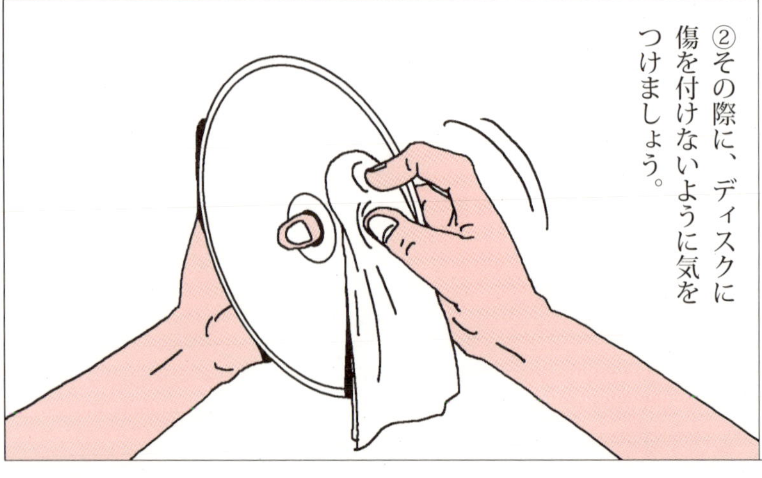

ディスクを読み取れない原因もこうしたピックアップレンズやディクの汚れだったりするんですよ
まずピックアップレンズが汚れていると画面にモザイク状のノイズが出たりします
そうなったらレンズクリーナーで掃除してください
もちろんDVD用のレンズクリーナーよ！
わ　わかった…
でも　ディスクが汚れていたらCDクリーナーでもいいんでしょ？
そうですね
ムースタイプとスプレータイプがありますがどちらでもいいです
ただし　あまり力を入れすぎてディスクを拭き取るのは止めてください
傷付くことがありますので
はい！
ムースタイプ
スプレータイプ

ちょっとやってみる?
うんやる!
♪
シュシュ
ふきふき
ツルン….
ごめんなさい〜
今日子らしいわね
大学時代とちっとも変わってないわあんた…
あはは体形もあの頃のまんまだしね…
あはは
そりゃあたしに対するイヤミかい…
……

ま　まぁ　これくらい　わかっていれば　ビデオデッキや　DVDプレーヤーは　自分でも直せるって　ことです…
いやー　勉強に　なりました！
スギウチ電器店
ついでと　いっては　何ですが
家庭の主婦と　いたしましては　掃除機の修理をば　教えていただき　たいのですが！
うふふ
今日子～　あんた　電気屋さんになりたいんだか　自宅の電気製品を　修理したいだけなんだか　はっきりしないわね～
もお～
あら　わたしにとっては　どっちも大事よ　正直なところ　まず家庭ありきね！
んでもって　電気屋さんになったら　お客さんの電気製品も　心を込めて　修理してあげるのよ～
まあ　今日子　らしいわね
あんたなら　きっとお客さんにも　好かれるだろうし　商売繁盛するわよ
そうですね　町の電気屋と　いうのは　心を込めて　地域のお客さんに　接していくことが　一番ですからね
その点　今日子さんは　すでに合格ですよ！
♪

技術は まったく ないけどね
あらぁ～～
それは これから 覚えて いくわよ～
で 健介さん！ 掃除機の 修理です けど！
まず 掃除機で 最も多いトラブルは ゴミを吸わなくなる ことですよね
そうなのよ～ うちの掃除機も それで何度 買い替えたか しれないわ
もって3年 ですよね～
ばっかね～ そんなの すぐに 直るわよぉ！
え！ ほんと！
コクリ
やだぁ 損し たぁ～

掃除機には蛇腹のホースがありますよね？
あのアコーデオンみたいなホースね
そのホースに穴があいているとゴミを吸い上げることができなくなるんですよ！
へ～そうなんですか…
ホースを曲げてよく見てみると亀裂があったりします
亀裂
亀裂があるとそこから空気が漏れてゴミを吸わなくなります

じゃあ
その亀裂を
ガムテープで
塞げば
いいのね！
ガムテープでは
ダメ！
いえ
いえ
ガムテープ
じゃなくて
ちゃんと
市販されている
補修テープで
塞いでください！
市販されている補修テープで、
亀裂箇所を塞ぎます。
補修テープ
他の原因として
考えられることは
フィルタの
目詰まりですね！
フィルタ
ですか？
紙パックを
設置してある
スペースと
ファンモータ側との
仕切り部分に
フィルタが
あります
まず
これを
取り外し
ます…
フィルタ
モータ

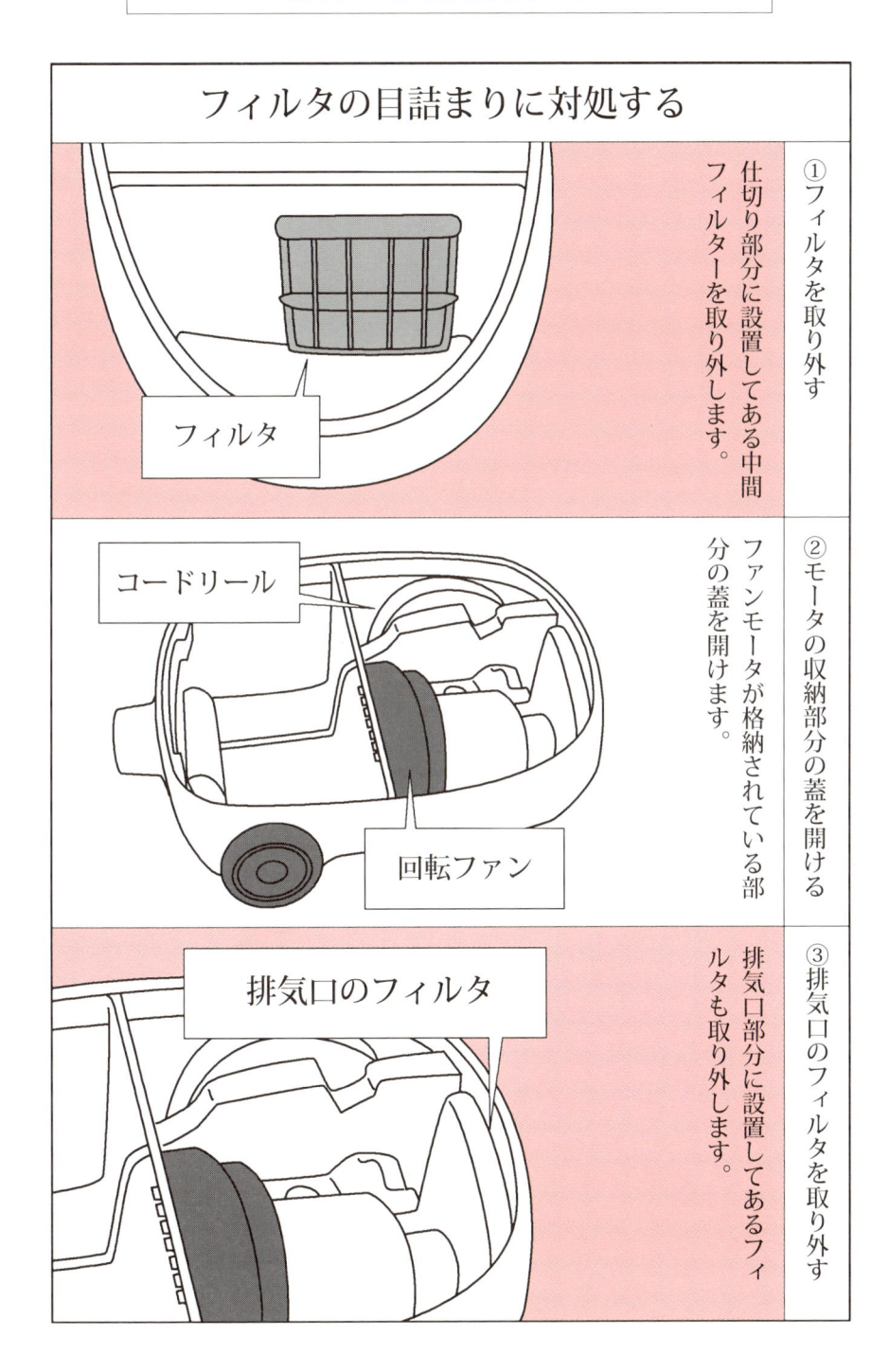

フィルタの目詰まりに対処する

①フィルタを取り外す

仕切り部分に設置してある中間フィルターを取り外します。

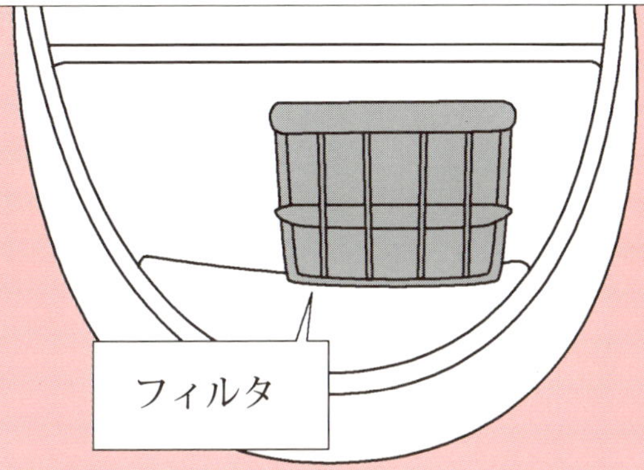

②モータの収納部分の蓋を開ける

ファンモータが格納されている部分の蓋を開けます。

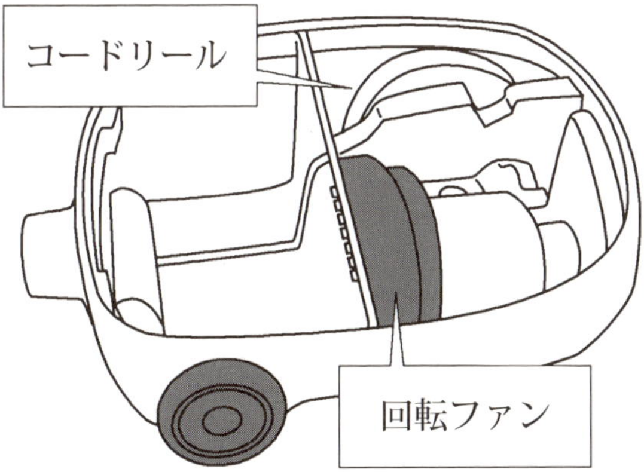

③排気口のフィルタを取り外す

排気口部分に設置してあるフィルタも取り外します。

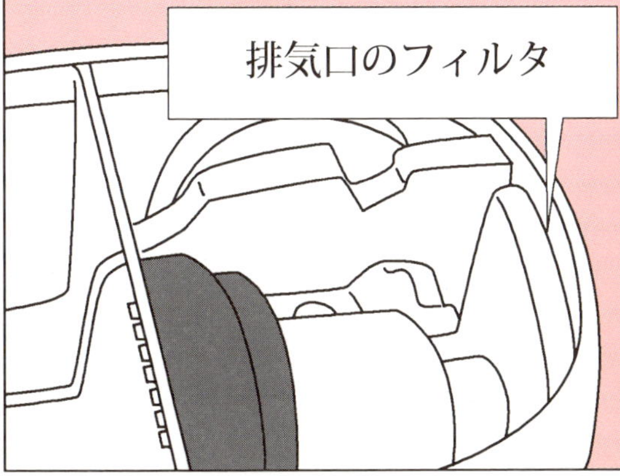

④フィルタの掃除

2枚のフィルタには細かいゴミがたくさん付着しています。この汚れを、中性洗剤を水で薄めて奇麗に掃除します。

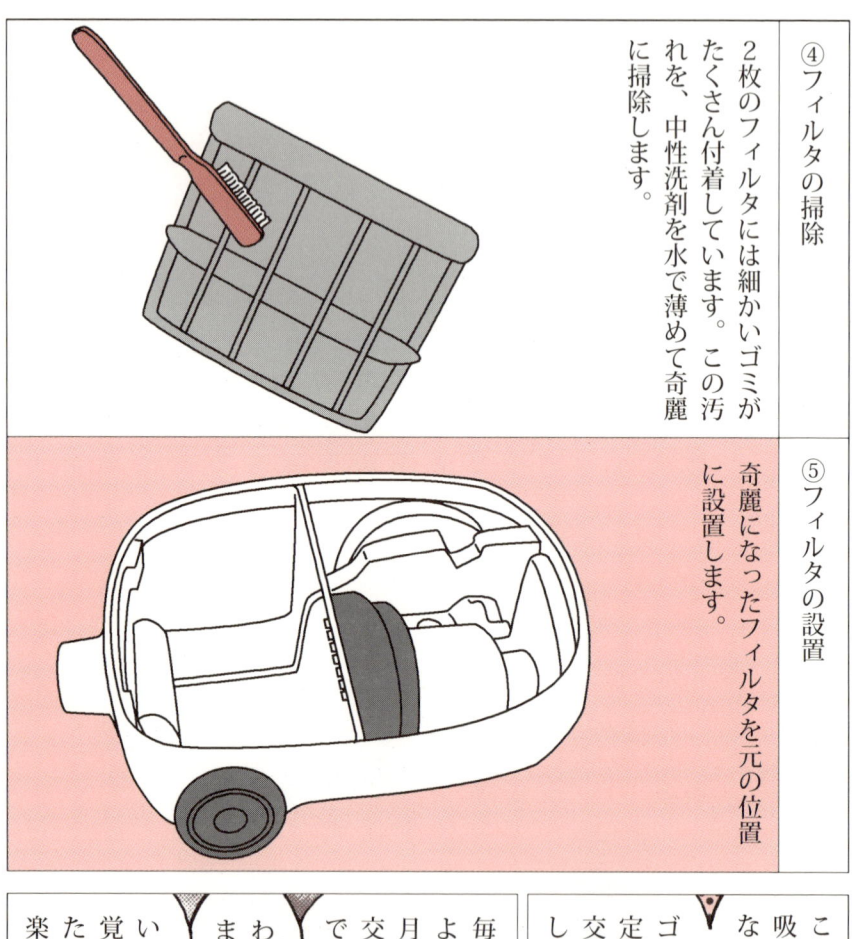

⑤フィルタの設置

奇麗になったフィルタを元の位置に設置します。

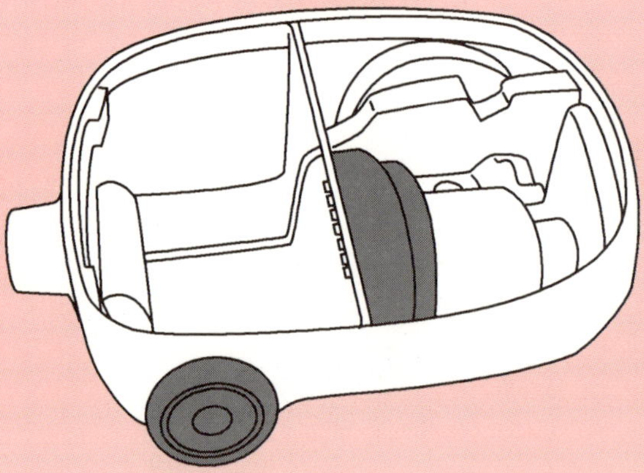

これでゴミを吸い込むようになるでしょう
ゴミパックは定期的に交換するようにしてください

毎日掃除するようなら月に一度は交換したいですね
わかりました！
いやー覚えることがたくさんあって楽しみだわー

今日子が そんなに電気に 興味があるなんて 今でも意外だわ～
わたしって ほら　好奇心が 旺盛っていうかさぁ
とくに　人が やんないことが 出きるように なるのって 快感じゃない
女性で 電気の修理が できたら スターよ！
たしかに！ 女性の電気屋さんが 誕生したら 繁盛すると思うなー
祐子 あんたも やる？
ヤダ！ わたしは いいわよぉ
だって　わたしが 電気屋始めたら 健介 どうすんのよ？
たはは やること なくなっちゃう
でしょ～

そうだ 今日子ぉ！
健介について っていろんな修理を見せてもらったら！
勉強になるわよ！
でもいいのかしら？
ええ いいですよ！
じゃあ 今度来たときに 一緒に 行きましょうか
スクッ
あの…
よろしく お願い します！
ガコ！
いたぁ～

第七章 いろいろな修理を見てみよう

関野今日子は、スギウチ電器店の杉内健介に、実際の電気修理の現場を見せてもらうことになりました。
ね！音が大きいでしょ～
ガァァァ
おそらくこないだの地震で室外機が動いちゃったのかも…
やはりちょっと傾いていますね…

じゃあ水平に戻して防振ゴムを設置しておきましょう
それで大丈夫ですよ!
ガアァア…
お願いしますねスギウチさん!
任せてください
じゃあ緒方さんエアコンのスイッチを切ってください
はい…
それ防振ゴムっていうんですか?
ええ
ガァアア…
エアコン室外機専用の防振ゴムです
電器店で市販されていますよ
《防振ゴム》

あ 静かに なった…
緒方さんが エアコンの スイッチを 切って くれましたね…
ピクッ
じゃあ 作業を 始めますから 今日子さん 見ていて ください
はい！
防振ゴムをエアコンの下に 設置する際には、まず、エアコンの電源を切り、室外機を停止させてから始めます。
4ケ所に 設置します
防振ゴム

…終わった！
じゃあエアコンのスイッチを入れてもいいですね？
お願いします！
あのーエアコンのスイッチを入れてくださーい！
はいはい入れますよぉー
…よかった音が小さくなったわ
これで大丈夫ですね！
ええ！
ところであなた見かけない方だけど？
わたし見習いの関野といいます
よろしくお願いします！

アルバイトの方ね
いえ！電気屋になりたくて杉内さんの仕事を勉強させていただいています！
へー女性の電気屋さんね珍しいこと！
がんばってね！
はい！がんばります！
ところでスギウチさん冷房の効きが弱いんだけど…
見てみましょう！
…ああフィルタの目詰まりですよ
へぇ～
あらぁずいぶん汚れているわね～

奇麗にすれば冷房の効きが良くなりますよ
じゃあわたしにやらせてください！
今日子さんお願いします！
緒方さん掃除機と外の水道と大きなポリ容器をお借りします！
どうぞ使ってくださいな！
今日はエアコンの修理があるってことで出発前に健介さんにフィルタの掃除方法教わったもんね…
水道水に中性洗剤を少量注いでかき混ぜるのね…
中性洗剤（少量）

あのー
エアコンは
何基ございますか?
4基です
リビングと和室とお二階のお部屋にそれぞれ2基…
それじゃあ
エアコンからフィルタを抜き取りますのでついてきてください
あら　いいのよ
勝手に入ってもらって
大丈夫
信用してますから!
ははは
でも…
わかりました!
健介さんて信用があるのね~
掃除機
フィルタ

今日子さん　通常は　油が付いているようなダイニングキッチンのエアコンフィルタだけは中性洗剤を薄めて丸洗いですよ
だけど他のフィルタも一緒ならまとめて同じように丸洗いしてください
わかりました！
換気扇用洗剤もありますが、家庭用の中性洗剤を薄めて使ってもよいです。

今日子が外でフィルタを丸洗いしている間に、健介はエアコンのラジエータを奇麗にしています。
ラジエータのフィンの隙間の汚れは、専用のクリーナーを布につけ、汚れを落とします。とくに、タバコを吸われる部屋のエアコンは、奇麗にする必要があります。

ドキッ
あんたのこれかい?
ち 違いますよ
女房の大学時代からの親友です
あそう 祐子さんのお友だちなの残念ね～
ざんねん…
な 何が残念なんですか～
面白いことになんないかなあって思ってさぁ
あぶあぶ
や やめてくださいよぉ～
♪
ガタタン…
歯ブラシ

エアコンのフィルタの目詰まり対処法

①フィルタを取り外す

エアコンのフィルタは、手で簡単の取り外せます。長い間掃除をしていないと、取り外したフィルタにはほこりがたくさん付着しており、目詰まり状態になっているはずです。

②フィルタに付いた埃を取る

フィルタに付いているほこりを、掃除機で吸い取ります。

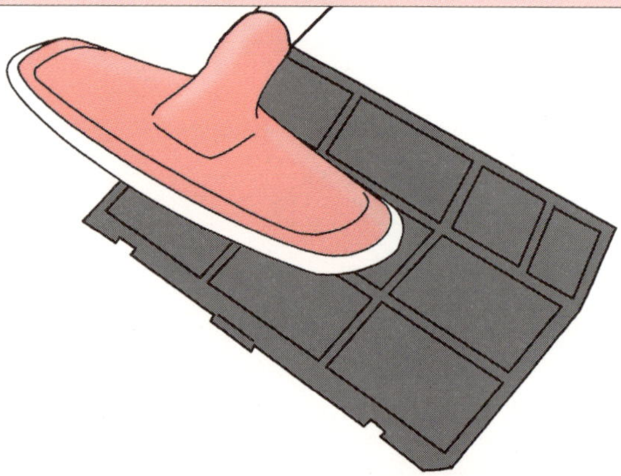

③フィルタを奇麗にする

掃除機で埃を吸い取ったフィルタを、中性洗剤を薄めた水道水や、専用のクリーナーで奇麗にします。使い古しの歯ブラシやスポンジなどを使うと、埃が奇麗に落ちます。力を入れすぎないようにします。

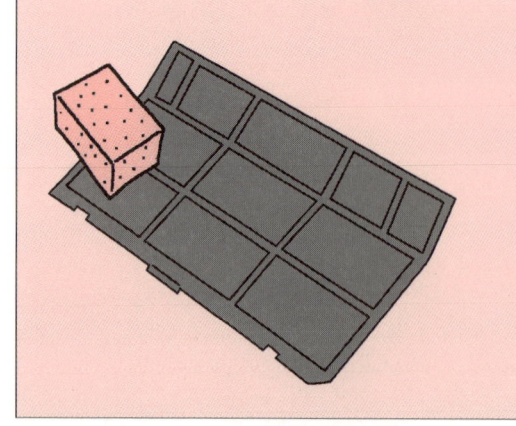

④日光で乾かす

洗ったフィルタを、日光で乾かします。

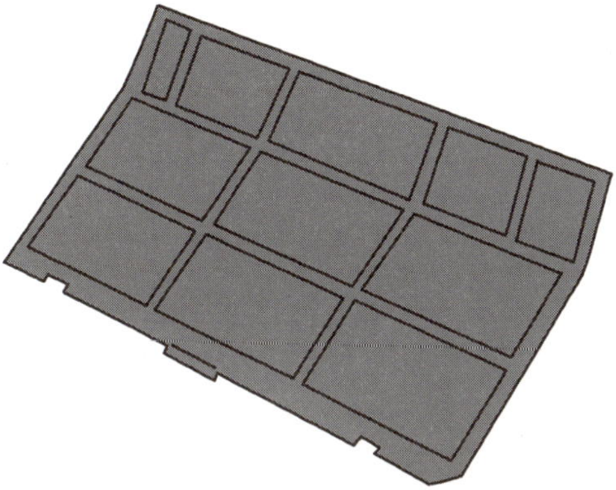

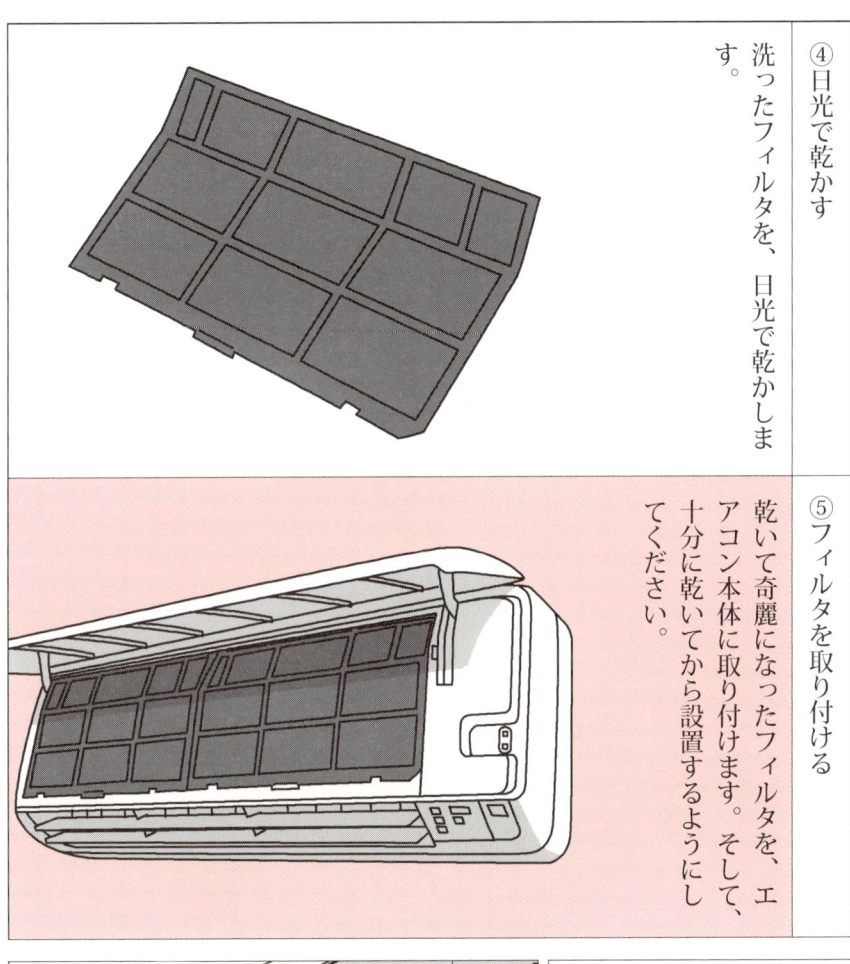

⑤フィルタを取り付ける

乾いて奇麗になったフィルタを、エアコン本体に取り付けます。そして、十分に乾いてから設置するようにしてください。

今日子さんとおっしゃるのねあなた偉いわね～
女性の電気屋さんならきっと繁盛するわよ
それに　あんた美人で性格がよさそうだからお客さんがいっぱい来るわよぉ！
わあ～ありがとうございますぅ
ところで緒方さんフィルタが乾く間になんか困っていることがあったらやりますよ
あらそう～
実は炊飯器なんだけどねぇ
電源が入らないのよ～
お！炊飯器の電源コードなら修理したことがあるわ！
きっと電源コードが断線しているのよ…

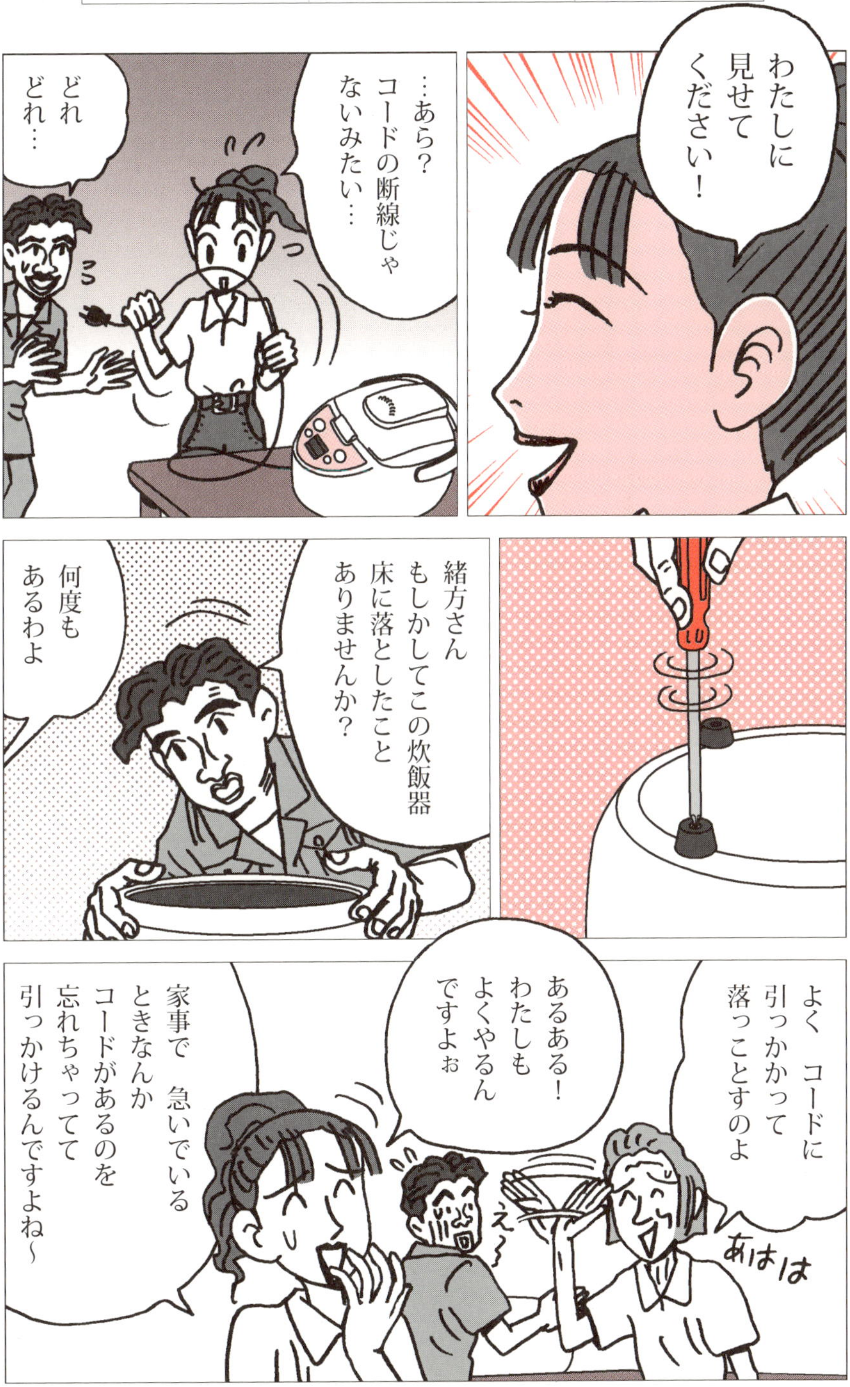
わたしに見せてください！
…あら？コードの断線じゃないみたい…
どれどれ…
緒方さんもしかしてこの炊飯器床に落としたことありませんか？
何度もあるわよ
よく コードに引っかかって落っことすのよ
あはは
あるある！わたしもよくやるんですよぉ
え～
家事で 急いでいるときなんかコードがあるのを忘れちゃってて引っかけるんですよね～

そうなのよぉ！
あるある
わたしなんか
てんぷらを揚げているときに
インターホンが鳴るでしょ
慌てて玄関にでるときに
よくやっちゃうんですよぉ！
う～ん
わかるわ～
あるのよねぇ～
ちょっと見てください
このガラスのチューブに入っているのが温度ヒューズです
温度ヒューズですか！

回路がショートしたり回路部分が故障すると、過電流が発生し発熱します。温度ヒューズは、そうした機械の発熱を感知し、回路を遮断する加熱保護部品です。この温度ヒューズは、最終的な安全部品として設置されます。したがって、火災の起こる可能性のある重大な事故を防ぐことが目的なので、動作後に復帰することはありません。

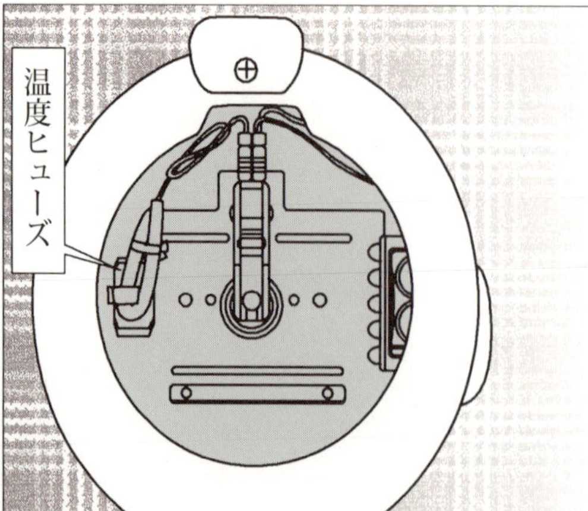
温度ヒューズ

一般の電流ヒューズのような馴染みはないでしょうが温度ヒューズはこうした機器の加熱保護には欠かせないものなんですよ
そうですか
覚えておきます！
へ〜
温度ヒューズはガラスのチューブに入っています。
ちょっと待ってください
車に交換用の温度ヒューズが積んであるので交換しちゃいますね…

さあ　これで大丈夫ですよ！
緒方さん　コンセントに差し込んで　スイッチを入れてください
あいよ…
コンセント
ありがとう！
緒方さん　炊飯器が壊れてから　ご飯はどのようにして炊いていたんですか？
もしかして　ガスでしょ？　ガスにお鍋？
よくわかったわね？
うふふ　主婦ですから
やっぱり　主婦の考えることは　一緒よね～

じゃあ 今日 杉内さんが エアコンの修理に 来たときに 炊飯器も 直してもらおうと 思っていたでしょー？
安く あげよう として〜
あはは はは
さーすが 主婦ねぇ
図星だわ！
たはは まいっ たな〜〜
…フィルムを エアコンに 設置し終わり ました！
はい！ これで 完了です！
どうも ありがとう！
助かったわ！
まいど ありがとう ございました！
ペコッ!!
う〜 この達成感！ 超キモチ いぃ〜

スギウチ電器
…次は月岡さんのお宅で冷蔵庫の修理です
冷蔵庫って大きくて重いから扱いが大変なんでしょ？
まぁガタイは大きいですが構造はさほど難しくないんですよ
大きいのは冷蔵庫に入れるものが多くなるからだけです
なるほど！
従来の冷蔵庫は1つの冷却器で冷凍室と冷蔵室を冷やしていましたが
最近の冷蔵庫は冷凍専用と冷蔵専用の冷却器に分かれているんですよ

どう違うんですか？
今日子さんのところでは冷凍室を冷却しながら冷蔵室の霜取りをしたりしませんか？
してますよ！
つまりそういうことなんです
冷凍室と冷蔵室で別々の冷却器を使うから消費電力を少なくできるし食品鮮度のためにも有効なんです
へ～
たしか以前はフロンガスが使われていたんでしょ？
そうです今ではオゾン層破壊などの環境問題からフロンガスは使われていません
フロンガス
代替フロン
代わりに代替フロンとか違う物質が使われています

ところで今から向かうお宅ではどんな修理をするんですか？
冷蔵庫が冷えないそうです
うわぁこんなに暑いのに冷蔵庫が使えないんじゃ困りますよね～
ええ…
見習いの関野今日子です
よろしくお願いいたします！
あら新顔さんだわねよろしくね
冷蔵庫が冷えないのよ～
買い替えたほうがいいのかしら？
どれどれ…

音がしていれば　一応　故障の疑いは　少ないです
ウィィ…
へ〜　そうなんだ…
じゃあ　新しい冷蔵庫　買わなくて　済むのね！　よかったぁ！
たしかに　冷蔵庫は　高いものね…
この状態で　冷蔵庫の氷や霜が　すべて溶けるのを　待ちます
……
３０分もあれば　大丈夫でしょう

おそらく 壊れて いませんよ
氷や霜が 付きすぎて いただけですから すべて溶けたら 中の水分を 奇麗に拭き取って 電源を入れます
そう よかった
じゃあ 電源を入れたら 中に入っていたものを 戻しても構わないわね
いえ！ できたら 電源だけ入れて 物は冷蔵庫に 入れないで おいてください
その状態で 一晩待って ください
え〜 一晩も〜
じゃあ　中の物は 小さい冷蔵庫に 入れておくわね
今晩だけ そうして ください
それじゃあ 30分くらい 待つと しましょうか
しかた ないわね…
あのね スギウチさん…

お宅から買ったものじゃないんだけどパソコンの修理ってできるかしら？
パソコンですか
たしかにうちではパソコンは扱ってませんからね
息子が　量販店で新しいパソコンを買ったのでそれまで使っていた古いパソコンをわたしにくれたんですよ
へぇ～月岡さんパソコンを使われるんですか
たいしたもんですねぇ！
いえたいしたことはできないんだけどインターネットを少々ね
すごいですね～
いいですよ見てあげましょう！

ときどきキーボードがおかしくなってモニタ画面のポインタが動かなくなるのよ
そんな状態が2～3ヶ月続いてとうとうOSが画面に出なくなって起動しなくなったの
なるほどわかりました！
…ああここで断線してますね！
え！線が切れているんですか！

おそらく息子さんが使っているときに強く曲げるか踏みつけたりして切れそうになっていたんでしょうね…
ちょっと待ってください
車に予備のキーボードがありますから…
とりあえずこれを使っててください
持ち帰って修理しておきますから…
ありがとう〜

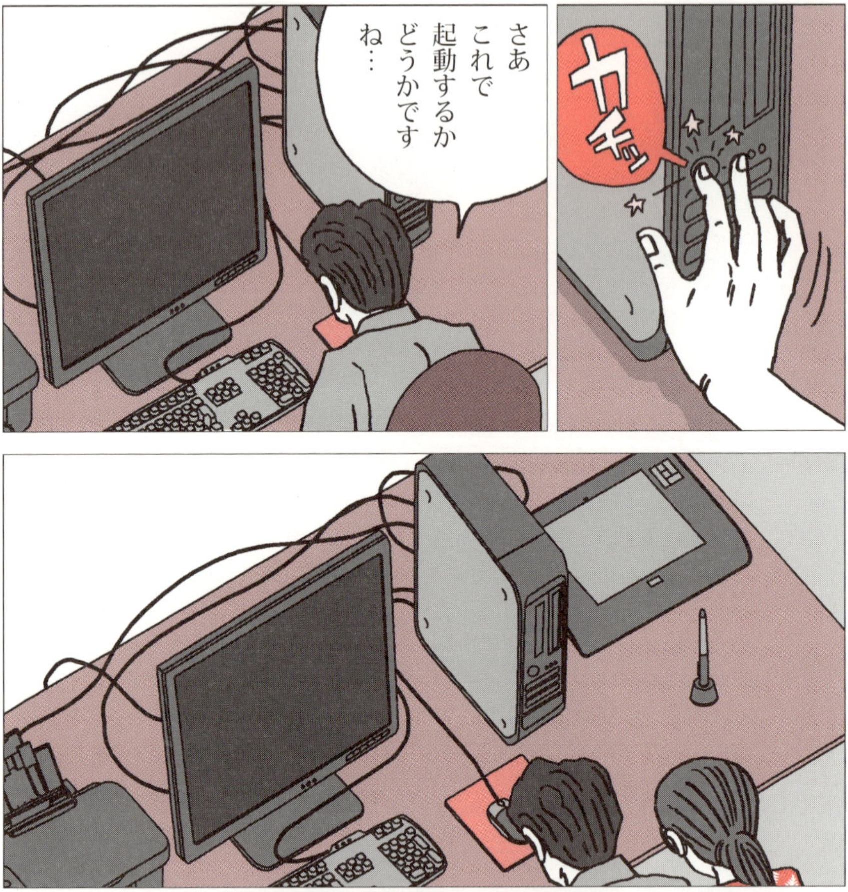
カチッ
さあ
これで
起動するか
どうかです
ね…
月岡さん
起動しなくなったころ
何か　周辺機器を
追加しません
でしたか？
そういえば
このタブレットを
接続したあとで
調子がおかしくなった
気がするわ…

おそらくそれが原因でしょう
タブレットを動かすためのデバイスドライバや設定がOSとの相性を悪くしたんだと思いますよ
あらぁ困ったわねぇ〜

でもセーフティモードなら起動しますよ
F８キーを押します
あら！画面が黒くなったわ！
カタッ

これはキーボードしか受け付けない最小限の機能だけで動いているということです
これでセーフティモードを選択してと…

あ!
ポインタが動いた!
ええ キーボードを取り換えておいて正解でしたね!
ほんとね!
ちょっと荒れた画面だけどこれでマウスが使えるからデバイスマネージャを開いて原因となるタブレットを停止させます…
てきぱき
これで再起動させます…
カチッ

直ったわ！
ありがとう！
よかったですね！
まぁ回復してよかった
これでダメならパソコンを初期化する手があったんですが手間が省けました
初期化って？
パソコンを購入したときの状態に戻すことですよ
初期化
ふ～ん
そろそろ30分ですよ
あら冷蔵庫の氷や霜が溶ける時間だわ…

それじゃあ今日子さん溶けた氷や霜の水分をきれいに拭き取ってください
はい！
ウイイイイー‥

直った！
冷蔵庫は　明日の朝まで物を入れないでこのまま様子を見るのね
ええ
それと月岡さん冷蔵庫はたくさん物を入れすぎると冷えなくなってきますよ
ファンの冷気口が塞がれて冷蔵庫の中の隅々まで冷気が届かなくなるんです
じゃあスカスカの状態がいいのかしら？
本当はそうです
多少多めに入れる場合でも　適度な空間をつくって風通しをよくすることです
わかりました！
へぇ〜
なるほど！

…今日一日ありがとうございました！
いえいえこちらこそお手伝いいただいて助かりましたよ
スギウチ電器店
勉強になった今日子？
もんのすごく勉強になったわ！
また今度お願いしていいですか？
はははいいですよ今度は寒くなって暖房器具を使うようになったころにご一緒しましょうか
わぁうれしいわ！
よろしくお願いします！
もしもし…
あらあなたどうしたの？

…うん
わかった
ご主人からでしょ
今日子ったら
うれしそう
ね
どうした
のよ？
今日が
わたしの
誕生日なの
…ヤ　ヤダ！
あんた　今日
誕生日だったの？
え～
そうとは知らず
仕事
手伝わせちゃって
申し訳なかった
ですね～
ううん
おかげで
楽しい一日
でした！
ううん

33歳のお誕生日おめでとう！
ありがとう！
で祐子はいつ？
冬だからまだ先よ
このまま冬がこなければいい…
冬が楽しみだわ…
冬がきませんように…

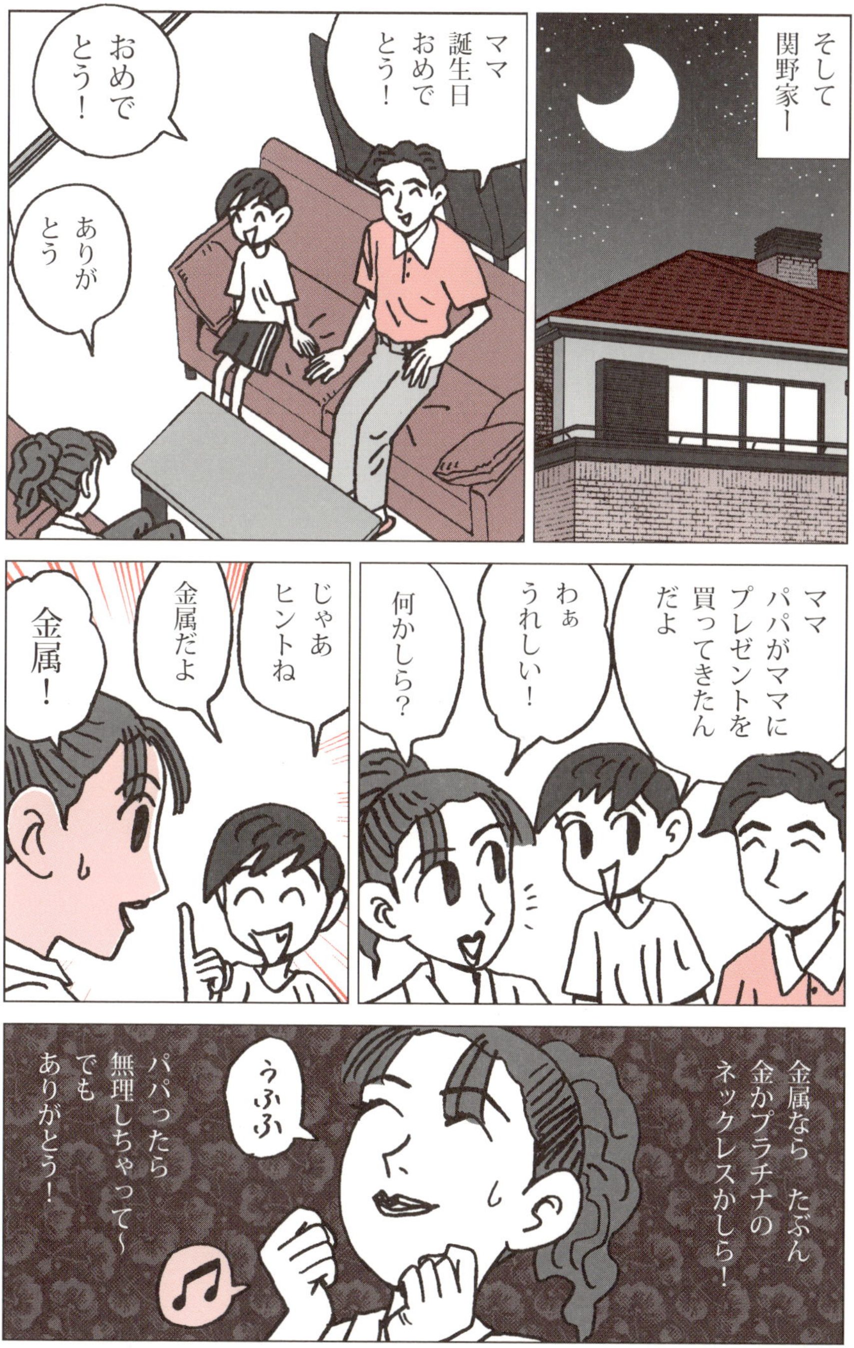
そして関野家ー
ママ誕生日おめでとう!
おめでとう!
ありがとう
ママ パパがママにプレゼントを買ってきたんだよ
わぁ うれしい!
何かしら?
じゃあ ヒントね
金属だよ
金属!
金属なら たぶん金かプラチナのネックレスかしら!
うふふ
パパったら無理しちゃって～ でもありがとう!

ママ毎日ご苦労さん！
ズッシリ
え？
なんなのこの重さは？
それにこの大きさって…？
開けてみなよ
そそうね…
今日子これが欲しいって言ってたよな
ああありがとう…
これはぼくからだよ
お買い物券10枚ね

第八章　こんな修理もある

晩秋ー
まもなく暖房器具が必要となる季節です。
ママ　なにやってるの？
ハンダ付けの練習よ…
ふ～ん　おもしろいの？
おもしろい…

ハンダ付けの手順

①基板にリード線を設置

リード線を基板に
差し込みます。

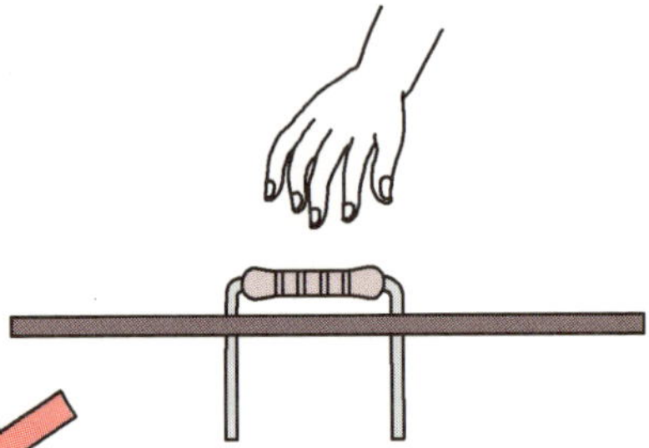

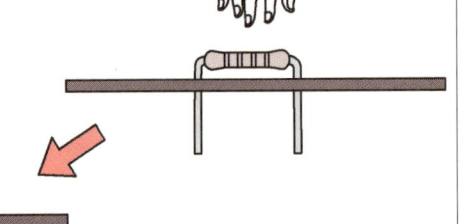

差し込んだリード線を
指で曲げて、ずれない
ようにします。

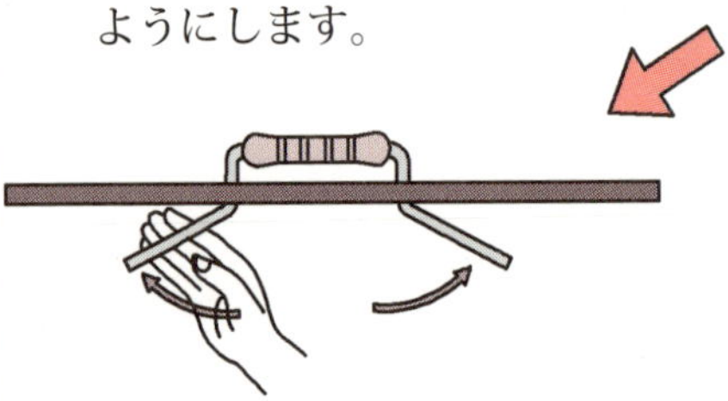

②ハンダごてでリード線と基板を温める

裏返して…

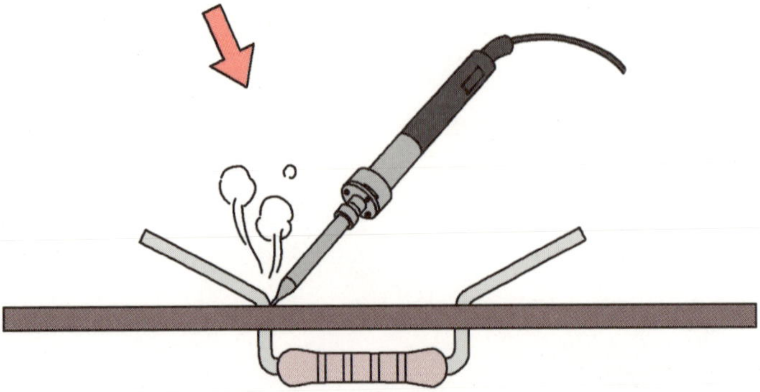

ハンダごてを、リード線と基板の両方に当たるようにして、
両方を温めます。

③ハンダを付ける

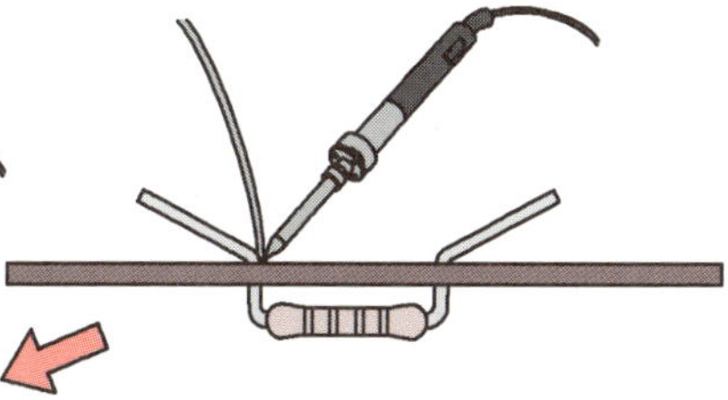

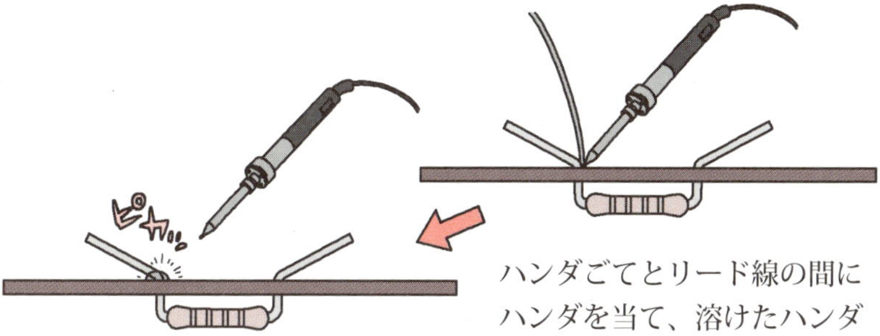

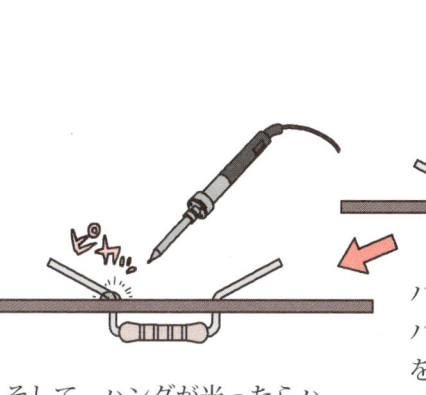

ハンダごてとリード線の間にハンダを当て、溶けたハンダを隙間に流し込むようにします。

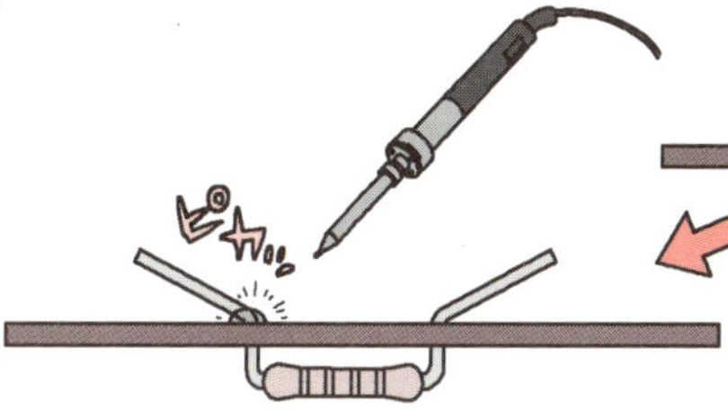

そして、ハンダが光ったらハンダごてを離します。数秒間でハンダが固まります。

④長すぎるリード線の切断

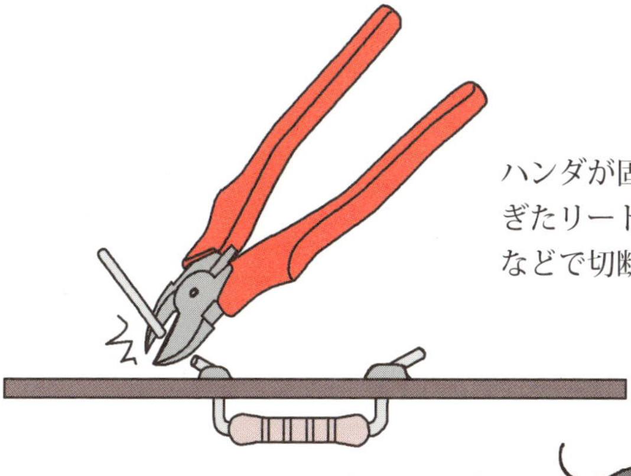

ハンダが固まって長く出すぎたリード線は、ニッパなどで切断します。

智弘〜 お買い物券 まだ３枚 残ってるんだけど スーパーで マヨネーズ 買ってきて〜
純平君と 正春君が 来ることに なっているから あとでね…
ピンポ〜
あ 来た！
こんにちは〜 これ 直して くれますか？
これも！
いいわよ どれどれ…
智弘君のママ すげーなぁ！
うちのママに 比べたら 絶対に 智弘君のママが 最高だな
電気は 詳しいし お料理は 美味しいし さぁ！

さぁできたわよ！
うわぁ
ありがとうございます！
今からケーキ作ってあげるから待っててね！
ママってほんと単純だよな…
トルルルルル…
……
あら祐子！
今日子もう暖房器具の設置が始まっているわよ
明日か明後日でもうちにおいでよ
わかった！明日行く！

ドン
失礼！
あいた〜
ああぁ〜っ

ごめんね駅のホームで落としちゃったの…
スギウチ電
美味しいですよ
お腹に入ればやっぱりケーキですよ！
えへへへへ…
ところでさぁあっという間に冬近しって感じよね
そうねまた歳をとっちゃったしこうしてオバアチャンになっていくのね…
はあああぁ〜
で健介さん暖房器具の設置ですけど！
そうそうケーキを食べたら出かけましょうか！

祐子健介さん借りるわね！
はいはい煮るなと焼くなとご自由に！
おいおいおれは魚かよぉ～
あはははははは
うふふ…
スギウチ電器店
…え？床暖房の修理ですか？
もう下見は済んでいて今日は工務店の方と一緒に床暖房用の発熱パネルを交換します
スギウチ電器店
結構大掛かりな工事ですか？
そうですね床のタイルを取り除いての工事ですからね
床暖房はよくわかりませんがどういう状況になっているんですか？

じつはこれから行く榎田さんのお宅は別の工務店さんが建てたオール電化のお宅なんだけどちょっと施工に問題がありましてね
あらどんな問題があるんですか？
床暖房の設置にミスがあったんですよ！
それなら建築を担当された工務店さんが責任をもって修理すればいいんじゃないですか？
本当はそうなんだけど当の工務店さんが倒産しちゃいましてね…
やだ！大変じゃないですか～
それで榎田さんが石倉工務店に補修を依頼してきたというわけなんです

じゃあ その石倉工務店さんから健介さんのところに連絡がいったんですね
ええ 石倉工務店さんの電気工事はだいたい私が担当していますので！
なるほど
そのように工務店さんと電気屋さんとが仕事の関係でつながっているんですね
そうです
電気屋の他にもサッシ屋さんや塗装屋さんや外壁屋さん瓦屋さんタイル屋さんなど様々な業者さんがそれぞれの専門分野を担当して家一軒を建てるんですよ
工務店
電気屋さん
サッシ屋さん
塗装屋さん
外壁屋さん
瓦屋さん
タイル屋さん
ガス屋さん
水道屋さん
その他
スギウチ 電器店

榎田さんのお宅は、オール電化で築8年、在来の木造軸組工法で建てた家です。
うちの祐子の友だちで関野今日子さんです
関野です今日はお仕事を見学させてください
よろしくお願いします！
石倉工務店の石倉ですよろしく！こいつは従業員の進藤です
こんちわっす

よろしくお願いしますね!
任せてください!
それにしても大変でしたねぇ
ええ温度が極端に下がるとエラーメッセージが出るようになってね
で前の工務店さんが調べたんですよ
そしたら床暖房の温度センサーがタイルの境界近くにあって正確な温度が測れずにいつまでたっても設定温度に上がらなかったらしいんです
それで　機器側は事故防止のためにエラーメッセージを出して　運転停止になっていたらしいです
つまり　センサー側は設定温度を確認できないから事故だと誤認して運転停止状態になっていたわけですね
はい
それで前の工務店さんが追加のセンサーを正常な位置に取り付けてくれましてね

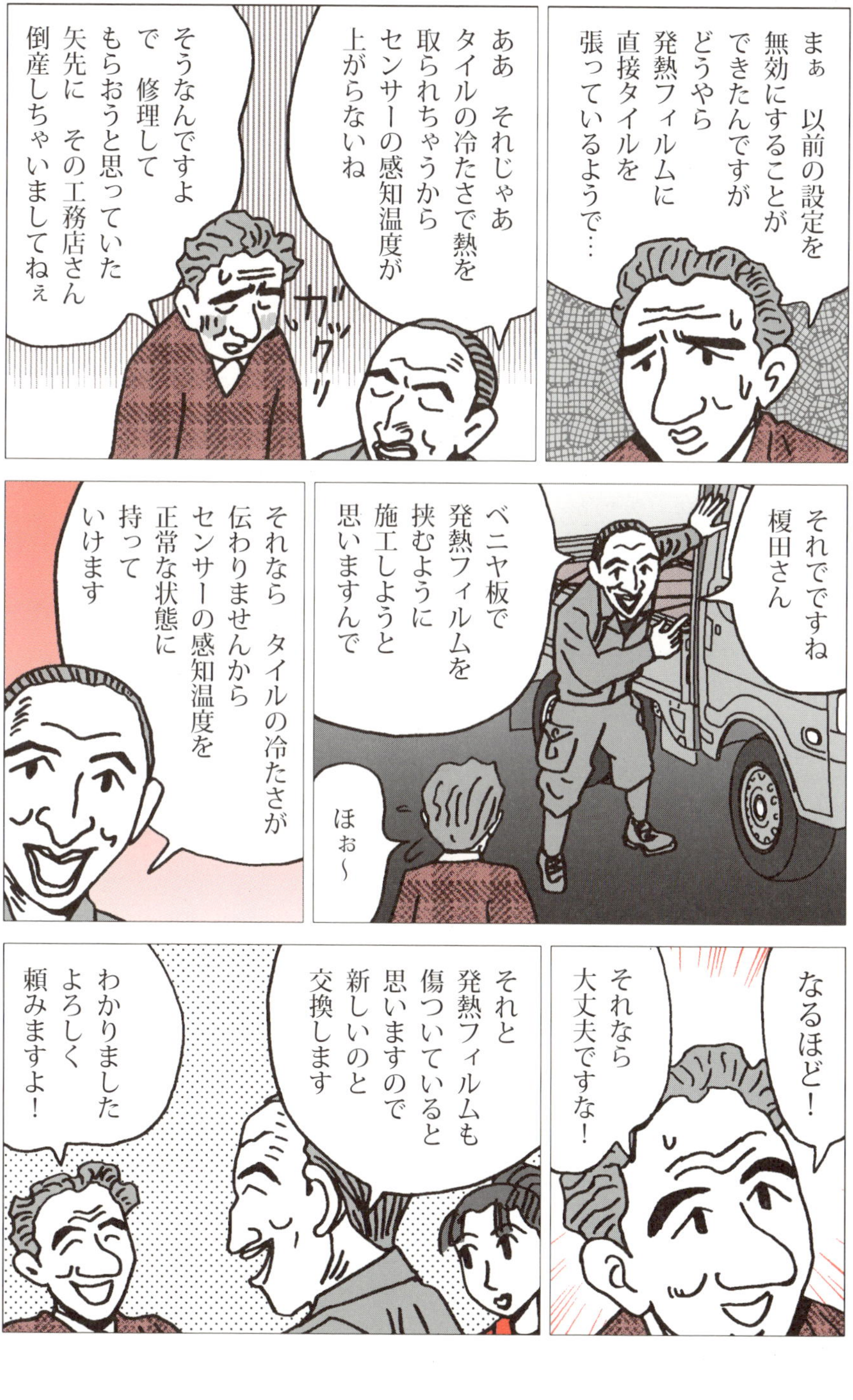
まぁ　以前の設定を無効にすることができたんですがどうやら発熱フィルムに直接タイルを張っているようで…
ああ　それじゃあタイルの冷たさで熱を取られちゃうからセンサーの感知温度が上がらないね
ガックリ
そうなんですよ　で　修理してもらおうと思っていた矢先に　その工務店さん倒産しちゃいましてねぇ
それでですね　榎田さん
ベニヤ板で発熱フィルムを挟むように施工しようと思いますんで
ほぉ～
それなら　タイルの冷たさが伝わりませんからセンサーの感知温度を正常な状態に持っていけます
なるほど！
それなら大丈夫ですな！
それと発熱フィルムも傷ついていると思いますので新しいのと交換します
わかりましたよろしく頼みますよ！

じゃあ
スギウチさん
さっそく
取りかかりま
しょうか！
そうです
ね！
うわ～
なんか
緊張して
きたぞ…
養生シート
タイルを
剥がす前に
それ以外を
養生シートで
覆ってと…
大掛かりな
工事ですね
うん…

床暖房の修理

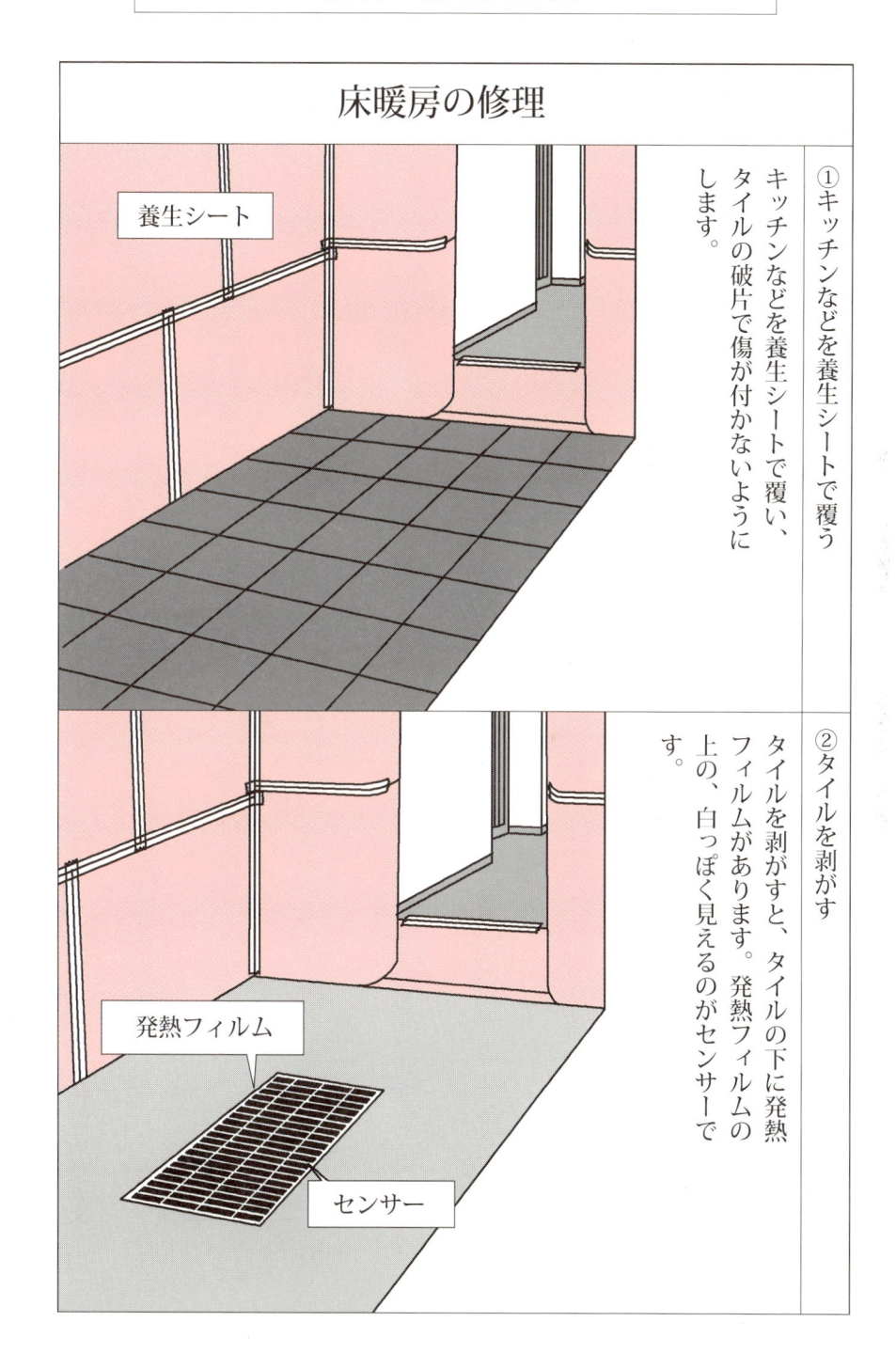

①キッチンなどを養生シートで覆う

キッチンなどを養生シートで覆い、タイルの破片で傷が付かないようにします。

②タイルを剥がす

タイルを剥がすと、タイルの下に発熱フィルムがあります。発熱フィルムの上の、白っぽく見えるのがセンサーです。

③ベニヤ板の敷設と発熱フィルムの設置

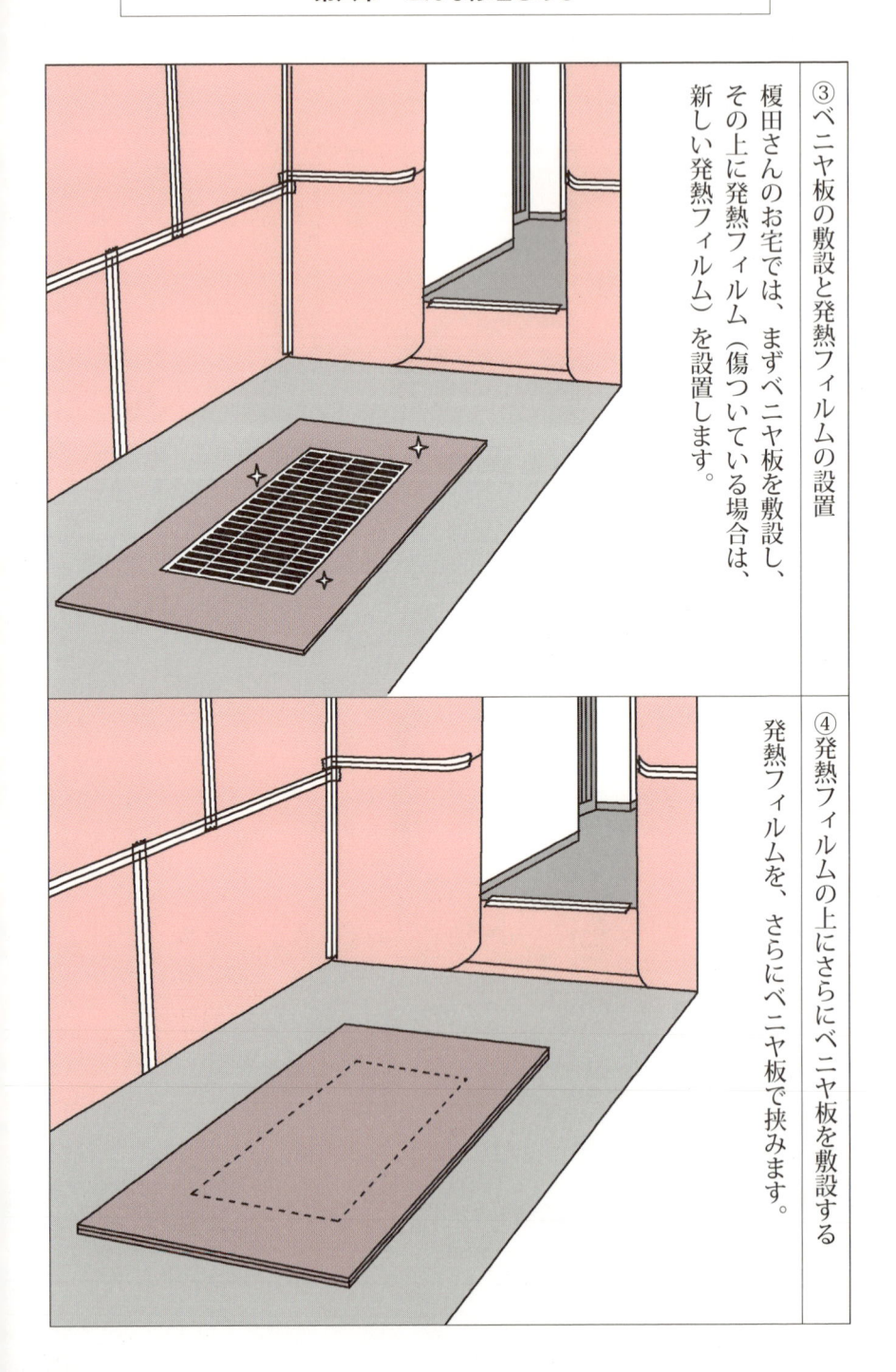

榎田さんのお宅では、まずベニヤ板を敷設し、その上に発熱フィルム（傷ついている場合は、新しい発熱フィルム）を設置します。

④発熱フィルムの上にさらにベニヤ板を敷設する

発熱フィルムを、さらにベニヤ板で挟みます。

⑤タイルを貼り替える

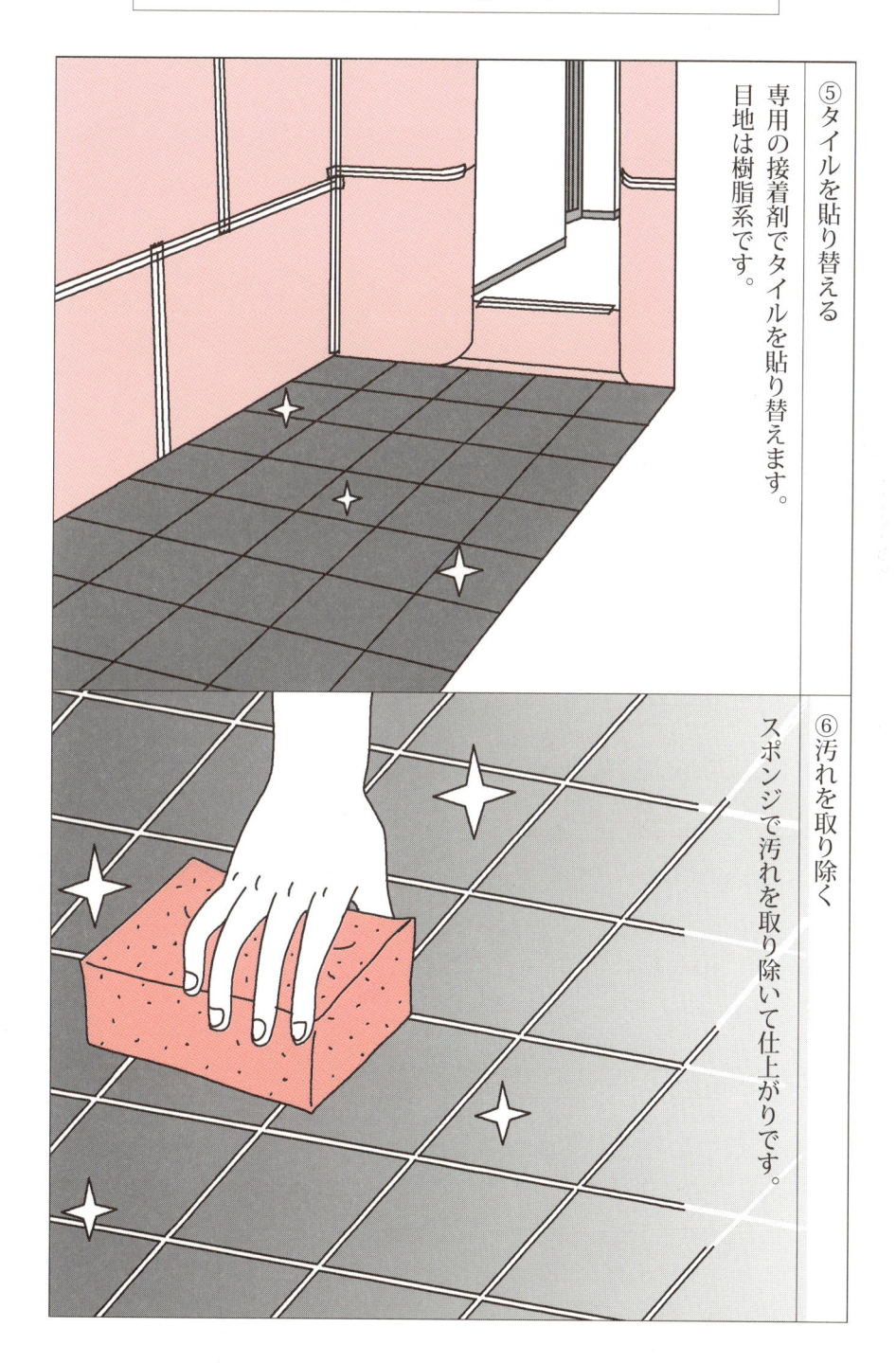

専用の接着剤でタイルを貼り替えます。目地は樹脂系です。

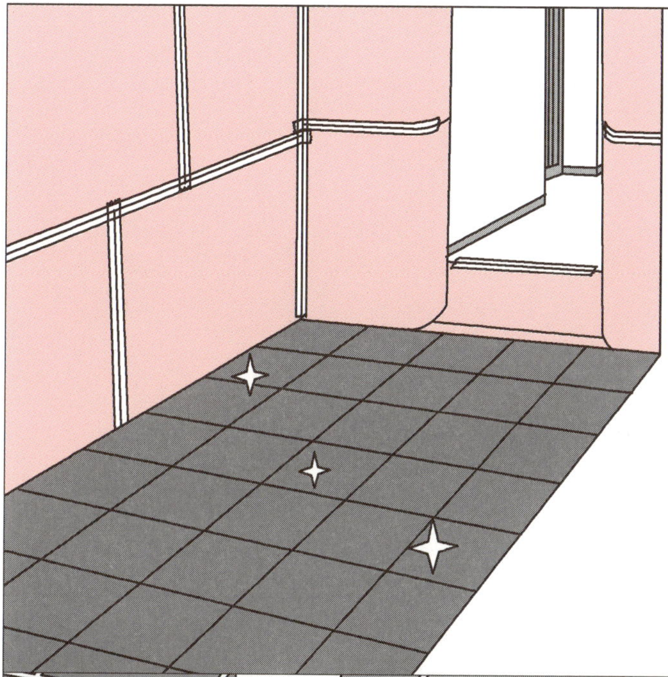

⑥汚れを取り除く

スポンジで汚れを取り除いて仕上がりです。

…榎田さん喜んでましたね
スギウチ電器店
うん
ああしたお客さんの喜んだ顔を見るのが一番嬉しいですね！
石黒邸ー
ホットカーペットが暖まらなくてね～
……
電源コードは問題ありませんね…
おそらく温度ヒューズが原因でしょう！
温度ヒューズってたしか緒方さん家の炊飯器も温度ヒューズが原因でしたよね…

緒方さん家なら隣だよ
えそうなんですか！
ピンポ～ン
はいどちらさんで？
隣の緒方です！
今スギウチ電器店さんがお宅に入っていったでしょ
今日子さんも一緒ですか？
あんた今日子さんていうの？
はい！
わっ
ああ！やっぱり今日子さんだ！

緒方さん元気でしたか？
キャー キャー
うん元気元気！
エアコンも炊飯器も快調に動いているわよ
なんだいあんたら同窓会でもやってんのかい
スギウチさん何の修理してんのさ？
ホットカーペットの温度ヒューズの交換です
それなら今日子さんにやらせてみなよ
え！
あんたもうできるんでしょ？
さあ…
じゃあ今日子さんお願いします
ええ～
はは い…

この中に温度ヒューズが入っていますよ
温度ヒューズはハンダ付けされているからまずこれを取ってください
はい…
ちょ～っと心配だなぁ…

石黒さん操作パネルの上に何か衝撃を与えませんでしたか?
じつは運ぼうとしたイスをその上に落っことしちゃったんですわ～

ああ
それで！
衝撃を与えると
温度ヒューズが
切れることがあるんですよ
でも
ご安心
ください
彼女は
温度ヒューズ
交換の
プロですから！
ええ〜
ほ〜
そうかね
ほっ
それじゃあ
安心だ…
やだ！
わたし
初めて
なのよ…
しかも
人が
見てる
前で…

ホットカーペットの温度ヒューズの交換

①同一規格の温度ヒューズを準備する

温度ヒューズの交換は同一の規格でないといけません。

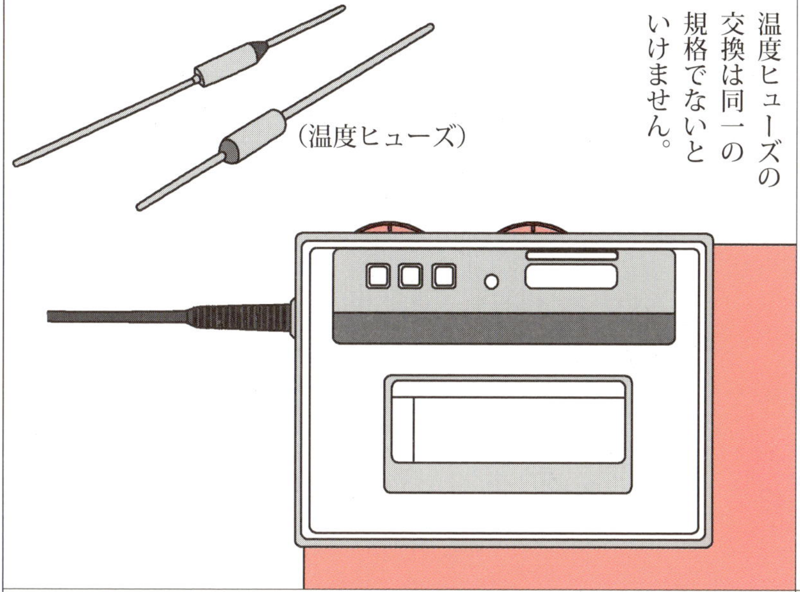

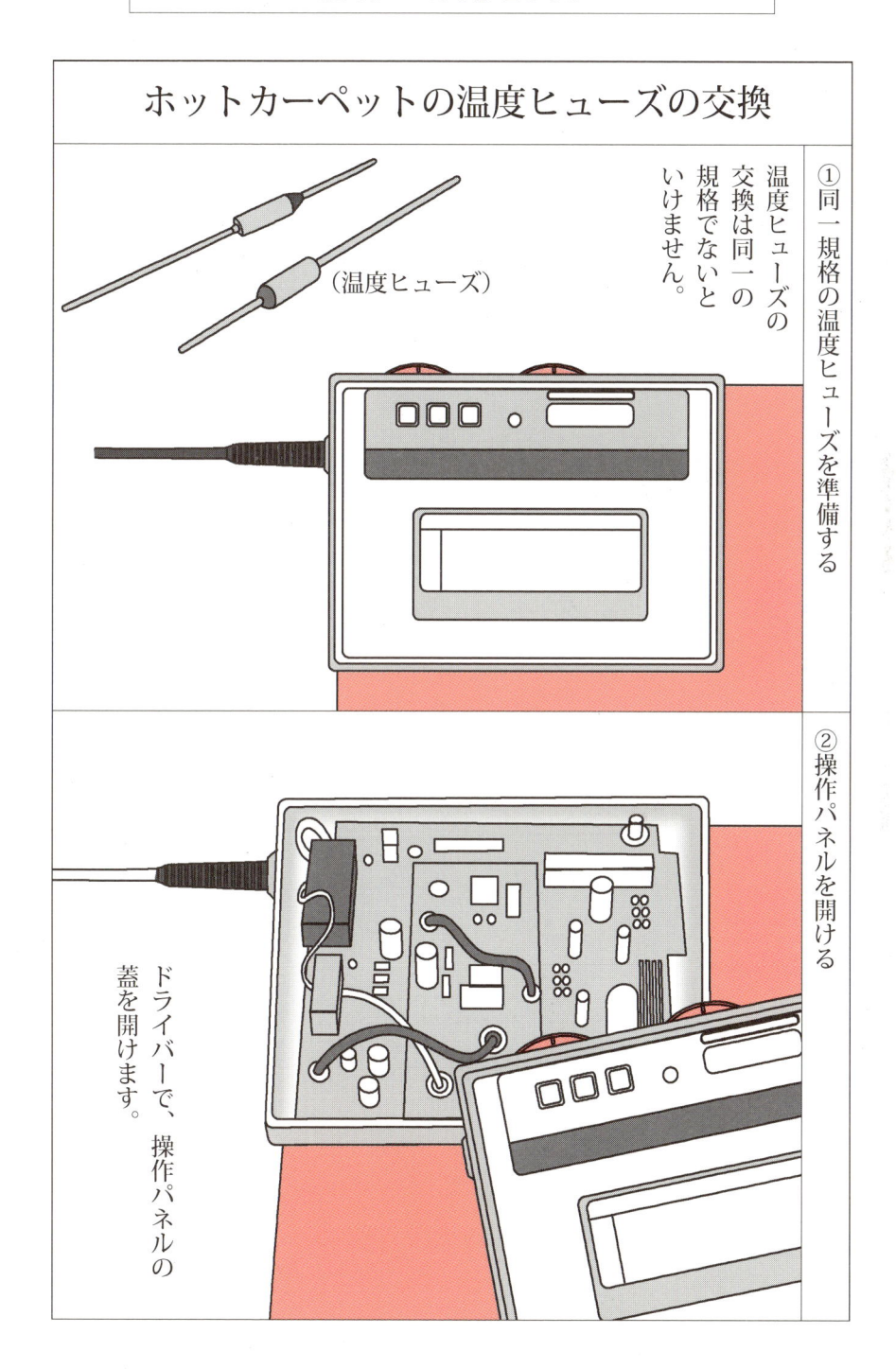

②操作パネルを開ける

ドライバーで、操作パネルの蓋を開けます。

③温度ヒューズのハンダ付けを取る

温度ヒューズの位置を確認します。そして、基板の裏側でハンダ付けされた温度ヒューズから、ハンダ吸い取り器などでハンダを取ります。

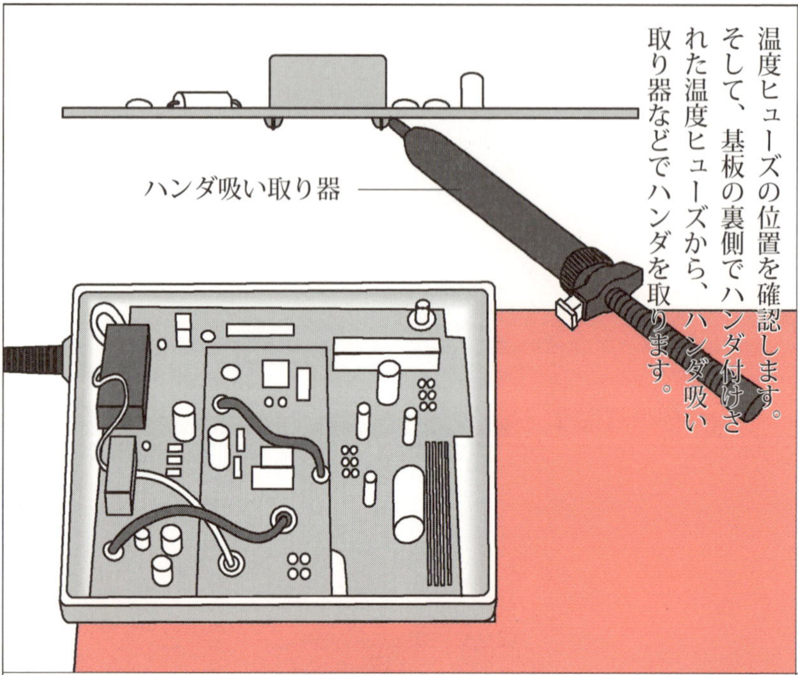

④温度ヒューズの設置

新しい温度ヒューズと交換します。基板の裏側でハンダ付けをします。

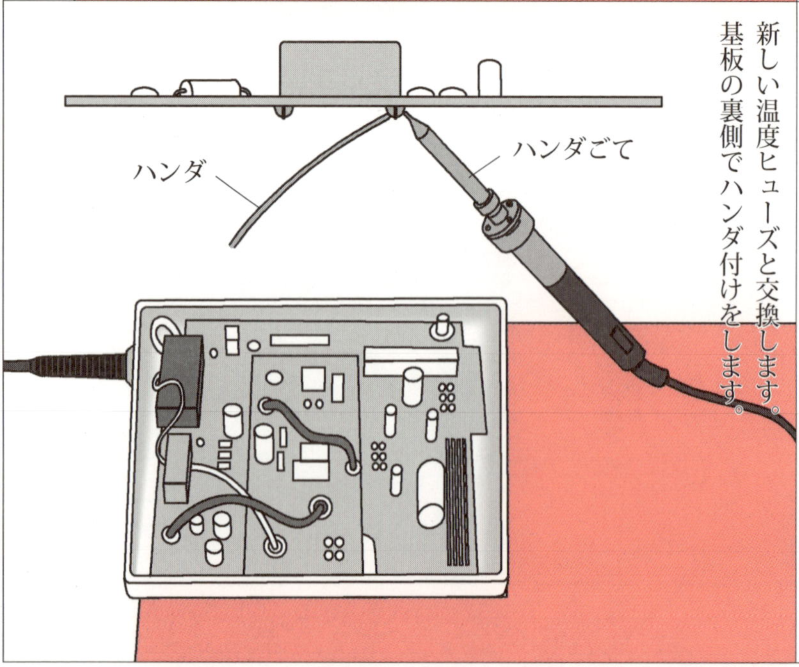

終わりました…
……
パチパチ…
さすがは今日子さん!
パチパチ
パチパチ
パチパチ
パチパチ
パチパチ
パチパチ
いやぁありがとう!
パチ

よくできました！
ぼろぼろ
おやどうしたんだい？
わたし生まれて初めて温度ヒューズ交換したんですぅ～
え！そうだったのかい？
うえぇ〜〜ん
お・が・たさ～ん！
あはははでも　上手くできたじゃないか
完璧でしたよわたしがやっても同じでした！
ならいいよ！
わははははは
おほほ…

やったぁ！
最高に
満足！

翌日も、今日子は健介の仕事に同行しました。
…石戸谷さんの家だけ停電しちゃったらしい
何が原因ですか？
行ってみないとわからないけど…
もしかすると…
ブレーカが下りていますね…
石戸谷さんなんかやりましたか？
じつは工業高校に通ってる息子が…
ごめんなさい部屋のコンセントに自作の基板を接続したら停電しちゃったんです
怖くなっちゃって…

それですでにその基板は外したんだね？
はい…
今日子さん安全器のレバーを上げてみてください
はい！
40A
よかったぁ〜
ほっ

…や～だ ブレーカが 下りていた だけだ なんて
ははは たまに あるんですよ…
料金は？
うちは タダです
え～ じゃあ ガソリン代 分だけ 赤字ですね
まぁ それが 町の電気屋と 量販店さんの 違いでしょうね
わたしなんかは こうして 地域との密着度を保つことで 次の仕事につなげていく わけです
お客さんとの 信頼感とでも いいましょうか…
人間同士の 暖かみが あるんですね
ふ～ん …

だからお客さんのご家庭のことまでわかるんですよ
家族構成がどうでどんな電気製品を使っていて何年使っているのかなどもね
つまりお客さんが必要としている家電製品がすべてわたしにはわかるんです
なるほど！営業もしやすいということですね！
スギウチ
そういうことです…
加納邸ー
この石油ストーブ点火が悪いのよぉ
8年も使っているからもう寿命なのかしら？
そんなことありませんよ

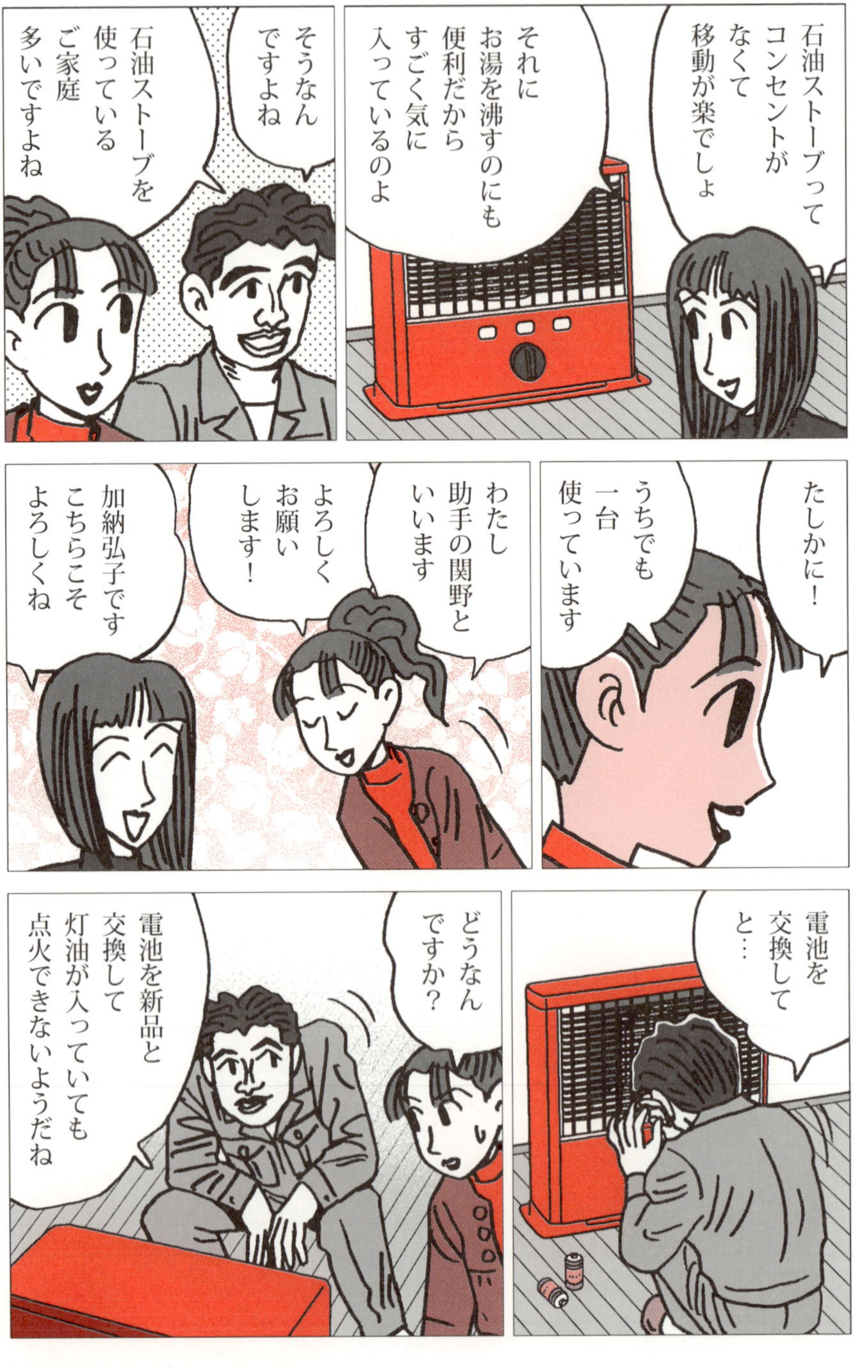
石油ストーブって コンセントが なくて 移動が楽でしょ
それに お湯を沸すのにも 便利だから すごく気に 入っているのよ
そうなん ですよね
石油ストーブを 使っている ご家庭 多いですよね
たしかに！
うちでも 一台 使っています
わたし 助手の関野と いいます
よろしく お願い します！
加納弘子です こちらこそ よろしくね
電池を 交換して と…
どうなん ですか？
電池を新品と 交換して 灯油が入っていても 点火できないようだね

ということは
点火ヒータが
切れていると
いうことだね…
直る
かしら？
点火ヒータを
交換すれば
すぐに直りますよ
よかっ
たぁ！
さてと…
石油ストーブ
燃焼筒
燃料タンク
芯調節ハンドル
耐震自動消火装置

石油ストーブの点火ヒータの交換

①燃焼筒を取り外す

ストーブが冷えた状態で、燃焼筒を取り外します。

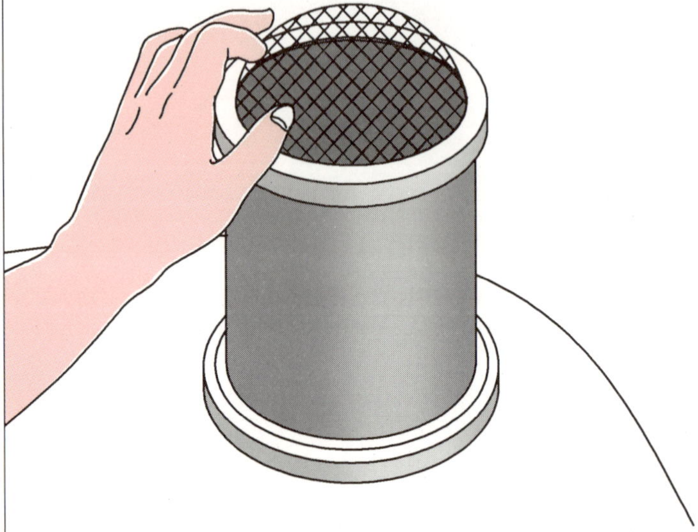

②古い点火ヒータを取り換える

新品の点火ヒータと交換します。

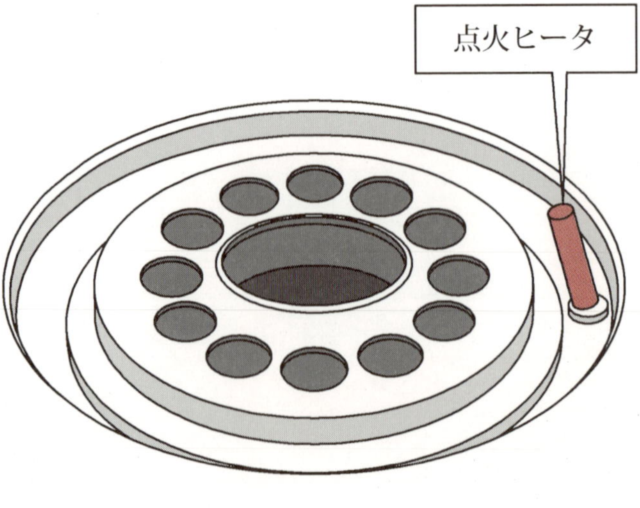

カチッ
点いた!
よかったですね!
ねぇ健介さん ガスレンジも見てくれない
ついさっき点かなくなっちゃったのよぉ
どれどれ…
やだ!健介さんだって…いやに馴れ馴れしいわね
……
怪しいぞ~
カチンカチン…
主婦にとってガスレンジが点火しないのが一番困るわよね~

そうなのよ〜 これから 晩ご飯の支度を しなきゃ なんない時 だったり するでしょ
ガス 使えないと 大変なのよ〜
でも 大丈夫！
健介さんなら すぐに 直してくれるわ
健介さん だって…！
この女 怪しい！
ねえ あなた あの方の これ？
ち 違います〜 わたしは 杉内さんの 奥さんの 友だちですぅ！
え〜
電気屋さんに なろうと思って 修業中なの！
あらやだ！ じゃあ 祐子の お友だち！
であなた 電気屋さんに なりたいの？
ええ まあ…

偉いわね〜
そっかなぁ〜〜
そ
そうでもないけど…
直りましたよ！
どこが壊れていたんですか？
どこも故障はありません
電池切れでした！
え！
じゃあ電池を交換しただけですか？
えへへへへ〜
ちょっとこの炎を見てください色が赤っぽいでしょ
ほんとだわ赤いわねぇ…

正常なら炎は青色なんです
ところが赤ということは燃焼不足で低温の炎ということです
それと炎がちょっと欠けているでしょ
いずれも　原因はバーナーの穴が詰まっていることです
今日子さんバーナーキャップの掃除をお願いできますか
わかりました！おまかせ！
それじゃあ元栓を閉めてと…
冷たくなったらお願いしますね！
はい！

…いいですか
バーナーキャップが冷えたら
この針のついた
バーナーブラシで
掃除してください
手順はですね…
ごめんなさいね
今日子さんに
こんなことを
させて…
いえ！
何事も
経験です
から！
……
…あ
わたし！
弘子
だけど…
バーナーキャップ

ガスレンジのバーナーキャップの掃除

①バーナーキャップを取り外す

バーナーが冷え、元栓を閉めたら、バーナーキャップを取り外します。

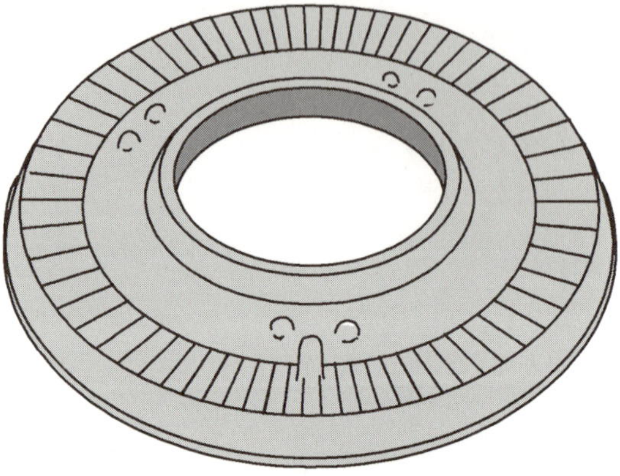

バーナーキャップの種類

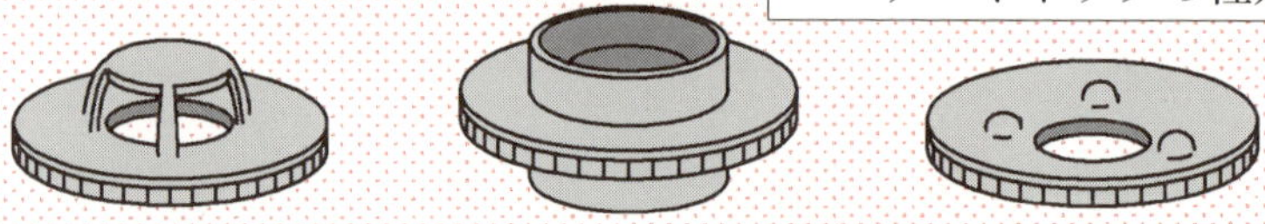

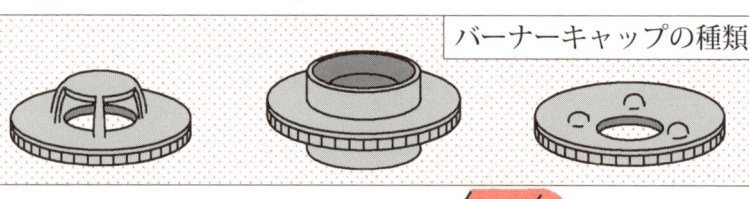

②バーナーキャップを掃除する

バーナーブラシで掃除します。ブラシ部分で溝をこすり、針の部分で突いて開通させます。

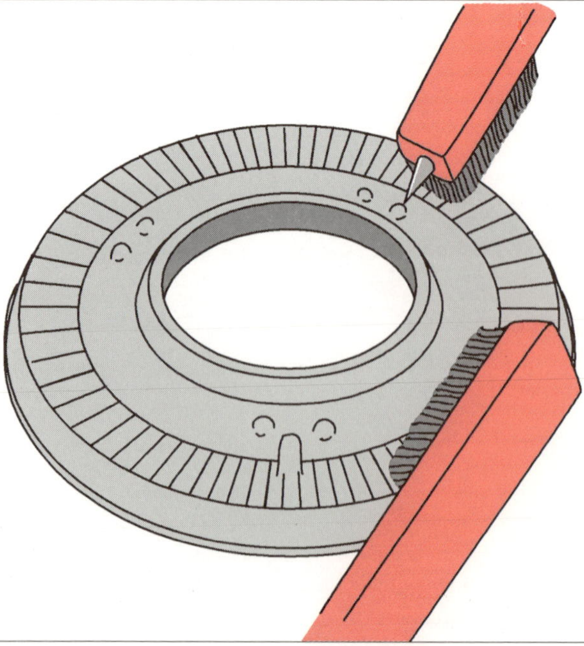

③バーナー本体の掃除

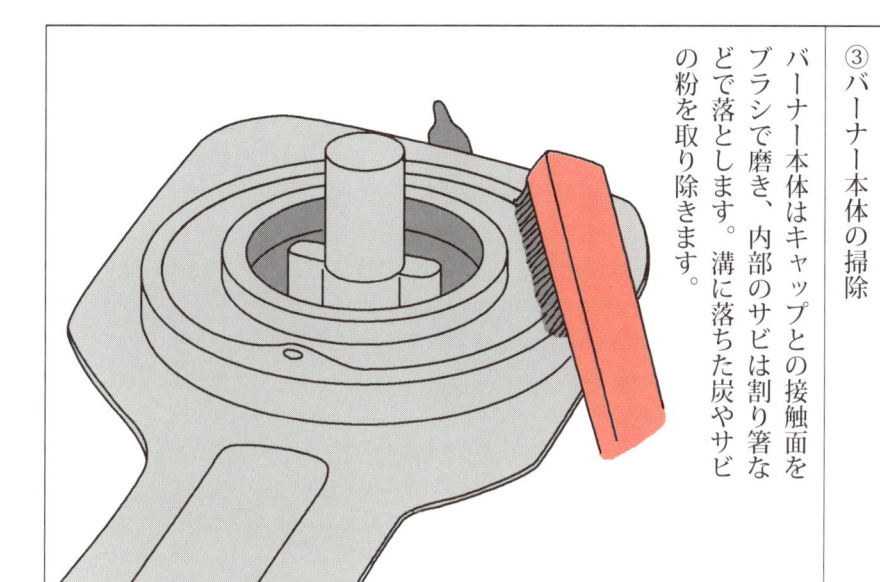

バーナー本体はキャップとの接触面をブラシで磨き、内部のサビは割り箸などで落とします。溝に落ちた炭やサビの粉を取り除きます。

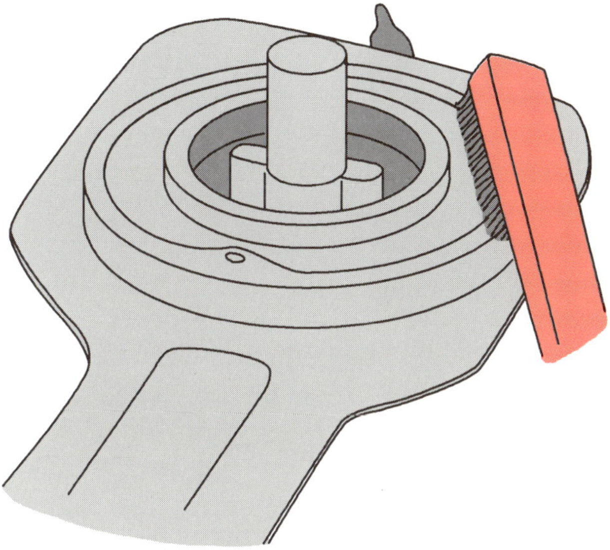

④バーナーキャップを設置する

掃除が終わったバーナーキャップを、元の位置に合わせて設置します。ガタつかないようにします。

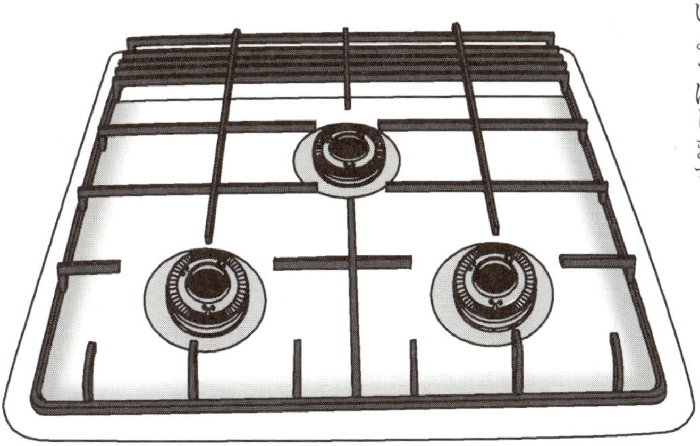

終わりました！
よくできました！
ありがとう今日子さん
ちょっと待っててね　今　お茶を入れるから…
ピカ
ピカ
ピンポーン
来た来た…

うふふ 来ちゃった！
わたしの手作りよと言いたいけど時間がなくて買ってきました！
祐子！
祐子さんと加納弘子さんは大の親友なのでした。
…と いうことは今日子とも親友だから親友の親友はやっぱし親友じゃん！
ということで今日子と弘子は親友ということになりました
はい めでたし！めでたし！

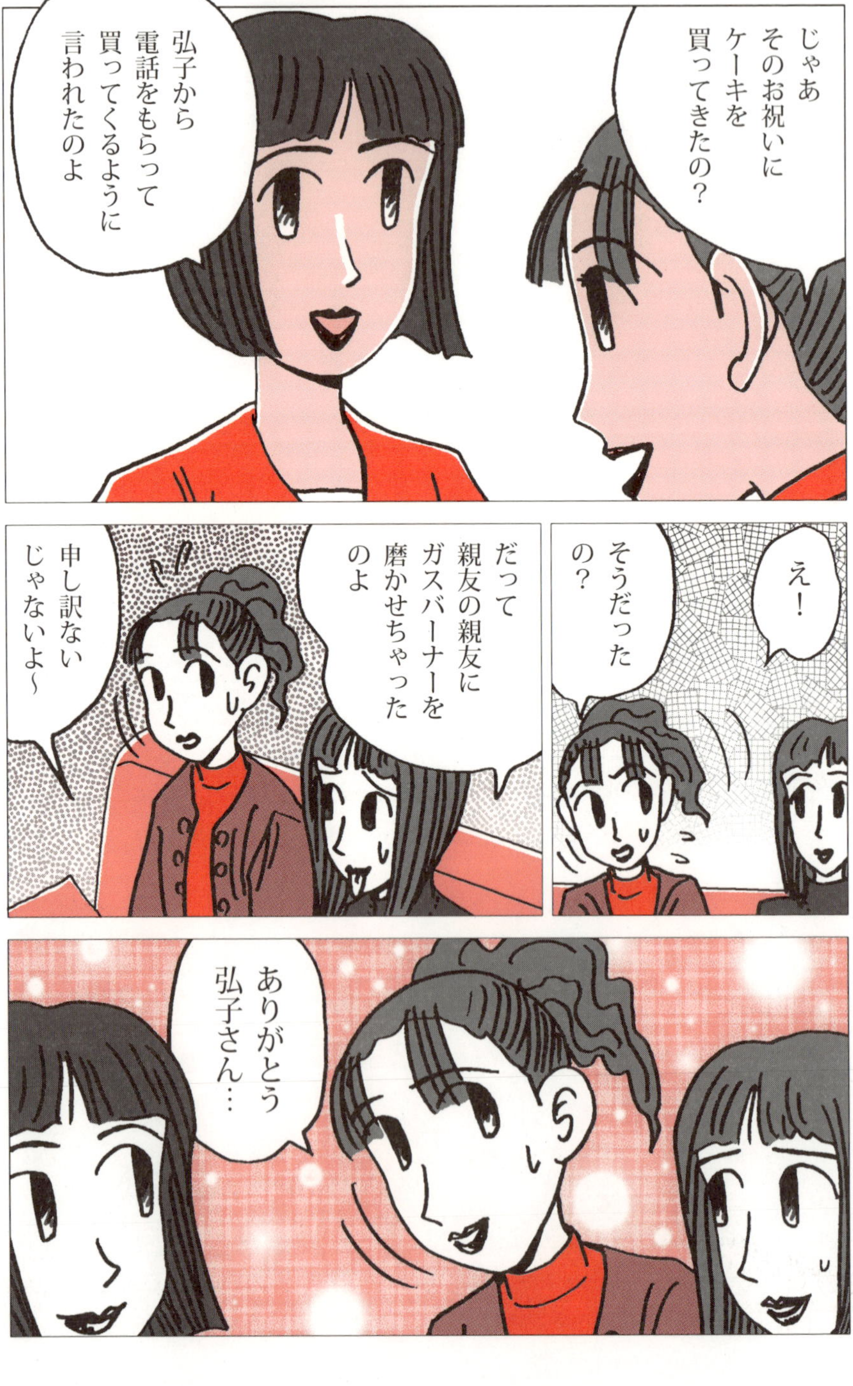
じゃあ そのお祝いに ケーキを 買ってきたの？
弘子から 電話をもらって 買ってくるように 言われたのよ
え！
そうだったの？
だって 親友の親友に ガスバーナーを 磨かせちゃったのよ
申し訳ないじゃないよ〜
ありがとう 弘子さん…

さぁ！
ということで今日は親友誕生を祝って和んじゃいましょう！
賛成！
わいのわいのわいのわいわい
あら！あなたはまだ回るお宅があるんでしょ
ケーキ食べたら行かなきゃ〜
じゃあわたしも…
おれも……
あなたの今日のお仕事はここでおしまい！
そういうこと！
いーのいーの

わいわいわいわいわいわい
たははまぁいっか…
今日子は、町の電気屋さんになろうとがんばっています。
あなたの町に、彼女のような電気屋さんがいたら、応援してあげてください。
きっと、喜ぶと思います…。
おしまい

付録　家電の修理に必要な道具

● ドライバー

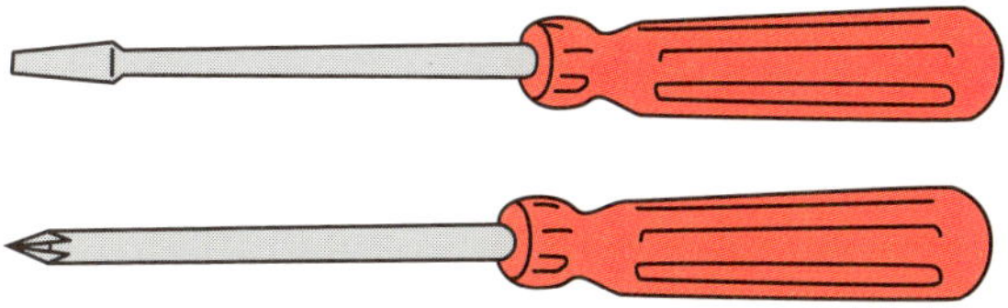

プラスとマイナスのドライバーは、家電修理の必需品です。先端が磁石になっていると便利な場合があります。たとえば、狭い隙間から小さなネジの着脱を試みるときなど、ドライバーの先端にネジをくっつけて作業するには、磁石になっていると便利です。

● ラジオペンチ

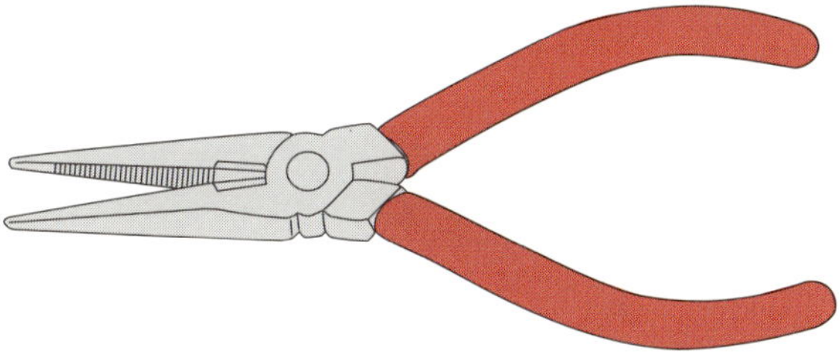

ラジオペンチといっても、先端の形状が様々です。用途に応じて使い分けるとよいでしょう。電子機器の配線や小さな部品を掴むために、先端が細くなっています。

● ニッパ

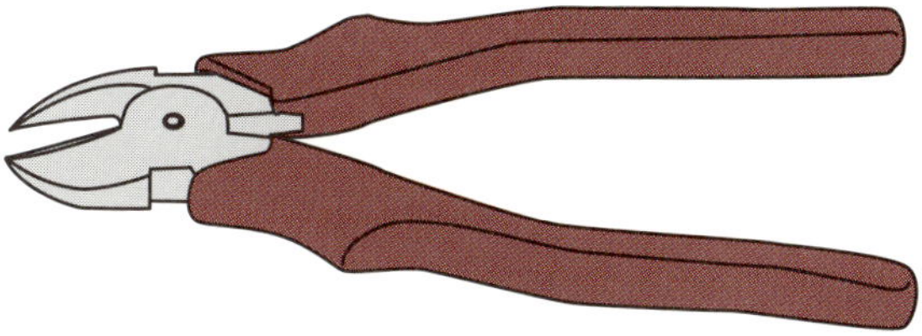

針金や電線などを切断するための工具です。一般的には、刃の中央に小さな穴が開いたニッパが多いです。そのニッパですと、切断以外に、被覆線中の導線を切ることなく、被覆のみを剥がすことができて便利です。また、ハンダ付けなどには欠かせない工具です。

● ピンセット

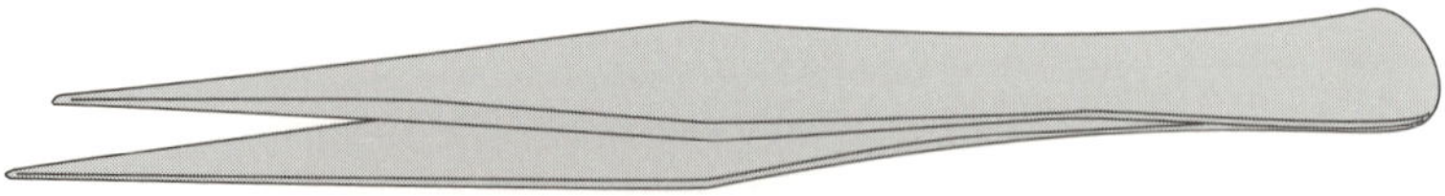

小さな部品等を掴むのに便利です。用途は様々です。

● メジャー

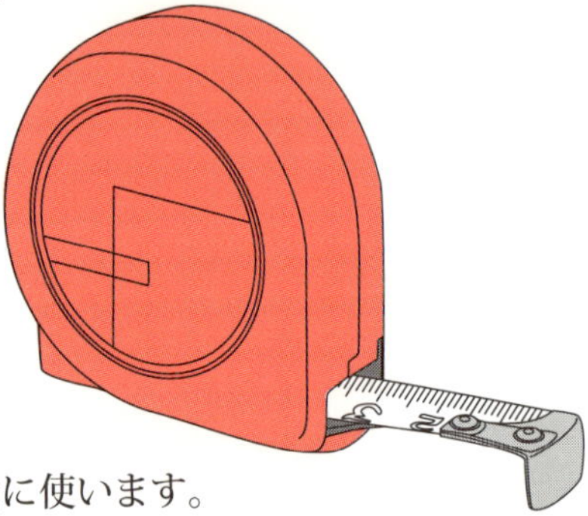

通常の用途に使います。

● ハンダごて

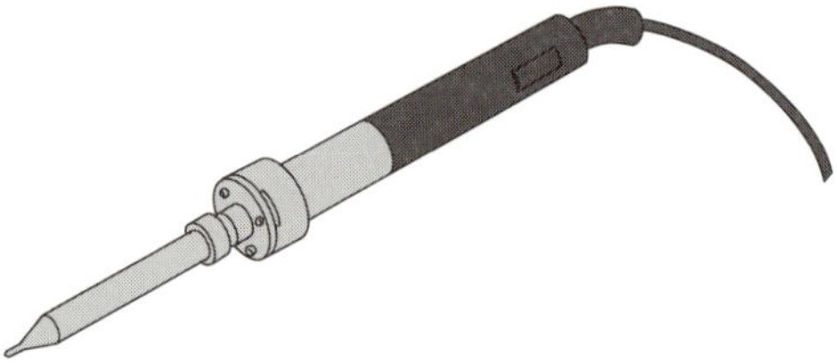

ハンダで配線等を接着するための工具です。とくに、基板上のパーツの脱着や、各種コネクタを付け替えたりする際の必需品です。

● ハンダ

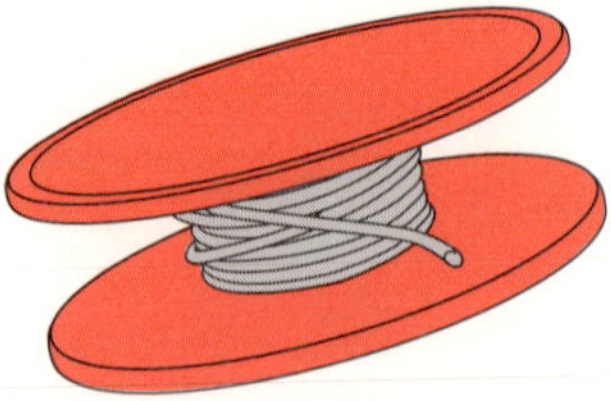

ハンダは、ハンダごてで溶かすというより、ハンダごてで接点を熱しておいて、そこにハンダを押し付けて流し込むというものです。ハンダの選び方はスズ（Sn）の含有量と融点で判断します。スズの含有量が増えると融点が高くなりますが、接合強度は低下します。最近は、ヤニ入りハンダが主流となっていますが、部品の酸化や汚れ、材質によってハンダが流れにくい場合には、少量の白色ペーストを使用します。

● ハンダ吸い取り器

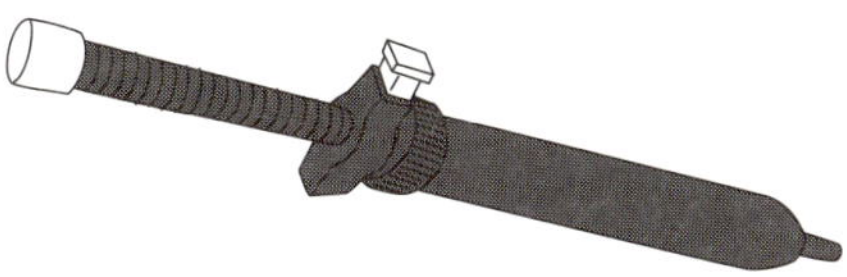

温めたハンダをバネの力で吸い取る道具です。これがなくても作業はできますが、ハンダ付けに誤りがあったときには役に立ちます。

● テスター

電圧や電流、抵抗の測定、そして導通の試験が可能で、これ 1 台あれば電気の基本料を測定することができます。電子回路を作ったり、回路解析したりするのに、まずは用意したい測定器です。

● 軍手

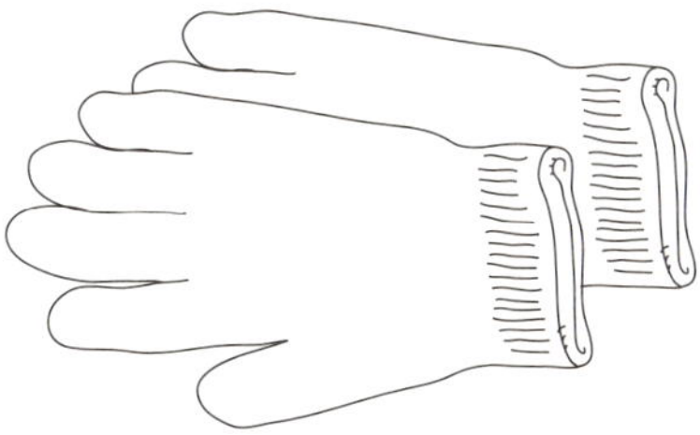

汚れの多い箇所や、突起物などでケガをしないようにするために使用します。

● ナイフ

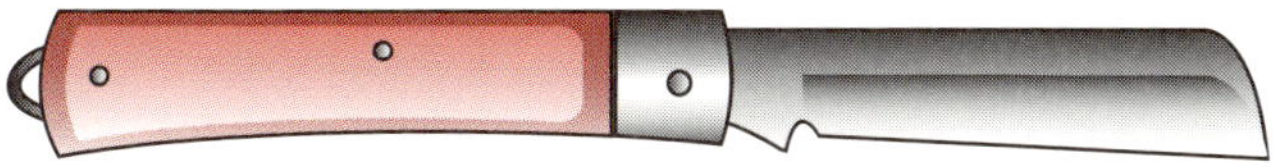

電線の被覆の剥ぎ取りや不要部分をカットしたりするの使用します。

電気用図記号

①

名　称	図記号	名　称	図記号
抵抗器 (一般図記号)	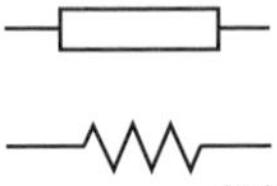 (旧)	コンデンサ	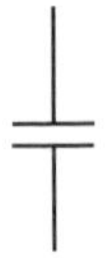
可変抵抗器	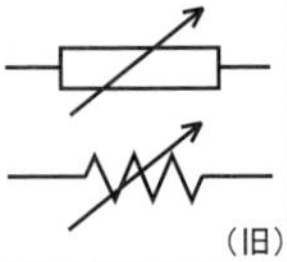 (旧)	可変コンデンサ	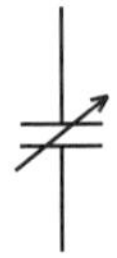
インダクタコイル 巻線 チョーク (リアクトル)	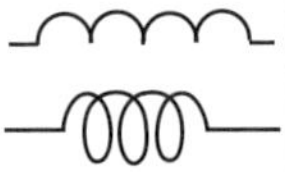 (旧)	磁心入インダクタ	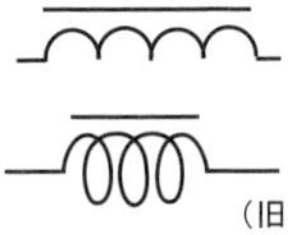 (旧)
半導体ダイオード	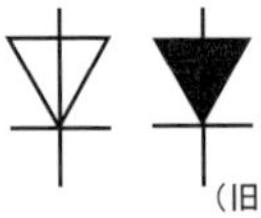 (旧)	PNP トランジスタ	
発光ダイオード	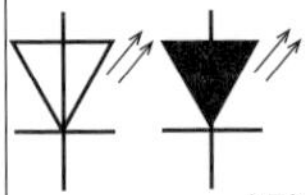 (旧)	NPN トランジスタ	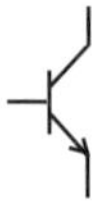
一方向性降伏 ダイオード 定電圧ダイオード ツェナーダイオード	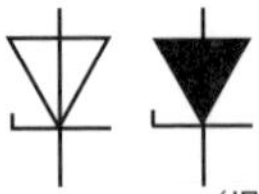 (旧)	直流直巻電動機	
直流分巻電動機		直流複巻発電機	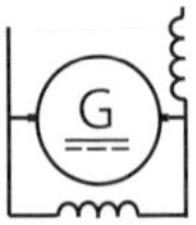
三相かご形誘導電動機		三相巻線形 誘導電動機	

電気用図記号

②

名　称	図記号	名　称	図記号
二巻線変圧器	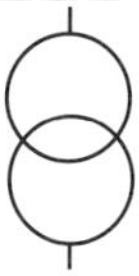	三巻線変圧器 様式 1	
発電機（同軸機以外）		太陽光発電装置	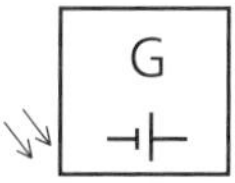
スイッチ メーク接点	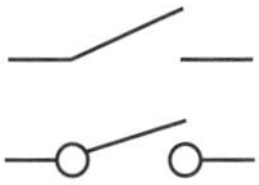 （旧）	ブレーク接点	
切換スイッチ	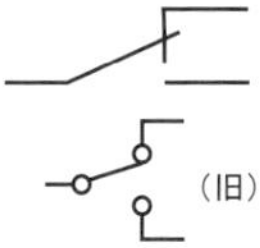 （旧）	ヒューズ	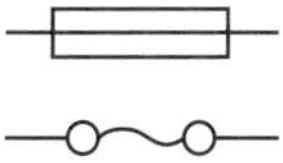 （旧）
電流計		電圧計	
周波数計		オシロスコープ	
検流計		記録電力計	
オシログラフ		電力量計	

電気用図記号

③

名　　称	図記号	名　　称	図記号
ランプ		ベル	
ブザー		スピーカ	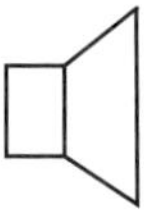
アンテナ		光ファイバまたは 光ファイバケーブル	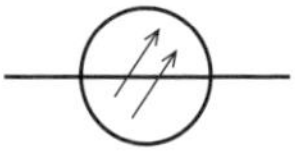
オペアンプ	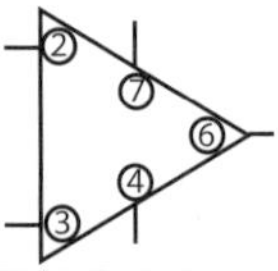	ルームエアコン	
換気扇		蛍光灯	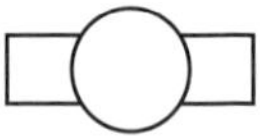
白熱電球		リレー	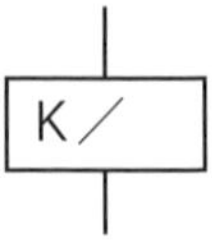
ヒータ	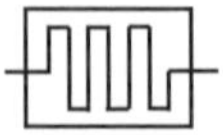	三巻線変圧器 様式２	
ルームエアコン		分電盤	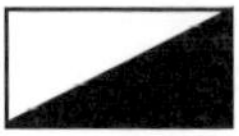

電気用図記号

④

名　　称	図記号	名　　称	図記号
配電盤		ジャック	J
コネクタ	C	増幅器	AMP
中央処理装置	CPU	テレビ用アンテナ	
パラボラアンテナ	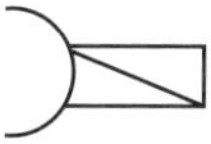	警報ベル	B
受信機	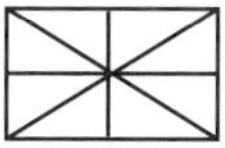	表示灯	
モニタ	TVM	警報制御盤	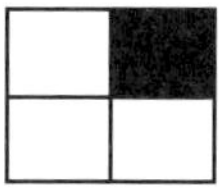
電柱		起動ボタン	E
煙感知器	S	熱感知器	

高橋達央プロフィール

1952年秋田県生まれ．マンガ家．
秋田大学鉱山学部（現工学資源学部）電気工学科卒．
主な著書は，「マンガ　ゆかいな数学(全2巻)」(東京図書)，「マンガ　秋山仁の数学トレーニング(全2巻)」(東京図書)，「マンガ　統計手法入門」(CMC出版)，「マンガ　マンション購入の基礎」(民事法研究会)，「マンガ　マンション生活の基礎(管理編)」(民事法研究会)，「まんが　千葉県の歴史(全5巻)」(日本標準)，「まんがでわかる　ハードディスク増設と交換」(ディー・アート)，「[脳力]の法則」(KKロングセラーズ)，「欠陥住宅を見分ける法」(三一書房)，「悪徳不動産業者撃退マニュアル」(泰光堂)，「脳　リフレッシュ100のコツ」(リフレ出版)，「マンガde電気回路」(電気書院)，「マンガde電磁気学」(電気書院)，他多数．著書100冊以上を数えます．
趣味は卓球

マンガde主婦にもできる家電製品の修理

2010年4月30日　第1版第1刷発行

著　者　高橋　達央
発行者　田中　久米四郎

発　行　所
株式会社　電　気　書　院
www.denkishoin.co.jp
振替口座　00190-5-18837
〒101-0051
東京都千代田区神田神保町1-3　ミヤタビル2F
電話　(03)5259-9160
FAX　(03)5259-9162

ISBN 978-4-485-60013-9　C3354　㈱シナノ パブリッシング プレス
Printed in Japan

- 万一，落丁・乱丁の際は，送料当社負担にてお取り替えいたします．弊社までお送りください．
- 本書の内容に関する質問は，書名を明記の上，編集部宛に書状またはFAX(03-5259-9162)にてお送りください．本書で紹介している内容についての質問のみお受けさせていただきます．電話での質問はお受けできませんので，あらかじめご了承ください．

マンガ de 電気回路

高橋達央 著

A5・256 頁
定価 2,100 円（税込）
ISBN978-4-485-60010-8

マンガ仕立てで電気回路の基礎の基礎から学べます．これから電気回路を勉強しようと思っている方を対象に，マンガにより電気の流れから回路計算に必要な公式までを楽しみながら学習できるように書かれています．

■内容　第 1 章　電気回路とは／第 2 章　直流と交流／第 3 章　身の回りの電気回路／第 4 章　電気の法則／第 5 章　便利な定理／電気用図記号

マンガ de 電磁気学

高橋達央 著

A5・236 頁
定価 2,100 円（税込）
ISBN978-4-485-60011-5

磁気と電気に関わる様々な現象を扱った学問が電磁気学です．マンガ仕立てなので，楽しみながら読み進むうちにいつのまにか電磁気学の基礎が身に付くように書かれています．

■内容　第一章　電磁気とは／第二章　磁気の性質／第三章　電流の磁気作用／第四章　電磁力／第五章　電磁誘導／第六章　静電界の基本的な性質／電気用図記号

マンガ de 太陽電池

高橋達央 著

A5・275 頁
定価 2,310 円（税込）
ISBN978-4-485-60012-2

化石燃料に代わるクリーンな自然エネルギーとして，また，資源枯渇の心配のないエネルギー源として急速に普及している太陽電池．本書は，難しい理論を極力省き，太陽光発電の根本的な原理と考え方を紹介するものです．マンガ仕立てですから，やさしく概要を把握することができます．

■内容　第一章　太陽電池とは／第二章　太陽電池の原理／第三章　太陽電池の種類／第四章　身の回りの太陽電池／電気用図記号

選りすぐりのテーマでわかりやすい

知りたかった電気のおはなし

石橋千尋・石割三千雄・川北敏博・杉本浩一 著

A5・206 頁
定価 1,680 円（税込）
ISBN978-4-485-66527-5

電気が初めての方から，ベテランの方まで，今までの不思議や疑問が，簡潔にかつイラストで理解できるようになります．

■内容　電気ってなんだろう／電気を安全に使うためには／電気を上手に使うために／省エネルギー実践教室／身近な発電所／マイパソコンを作ってみよう／インターネットの世界／IT（情報技術）とデジタル技術／注目の電気現象／電気応用機器／医療機器と電気／電気関係の資格とビジネス

やさしい電気の手ほどき
改訂版

紙田公 著

A5・250 頁
定価 2,520 円（税込）
ISBN978-4-485-66120-8
身近にあり最もよく使いながら電気ほどわかりにくいものはない．使いながら自然とわいてくるいろいろな疑問にやさしく応えるのが本書の目的です．

■内容　電気の成立ち（原子の成立ちと電気のふるまいから超電導）／直流の性質と働き（直流と交流のちがいや磁気作用，リニアモータ，静電塗装）／交流の性質と働き（交流のプラスマイナスや交流モータの仕組み，家庭のメータ）／身近な電気製品の仕組み（電話機，テレビ，CD，リモコン，パソコン）

持ちつ持たれつ　生き物とエレクトロニクス

生き物と科学技術の会 編

B6・146 頁
定価 1,029 円（税込）
ISBN978-4-485-30017-6
エジソンの電球には，京都の竹が使われたんやて．自然や生き物と科学技術についての，“へぇ～”なお話しが満載！

■内容　プロローグ／きらきら光る鏡の国の光と電波 - キラリティ - ／自然の時計，生き物の時計，そしてチョー正確な原子の時計／京都の竹から半導体デバイスまで／液晶テレビ，液晶なんたら，液晶って何？／現代の錬金術 - オーダーメイド物質 - ／いつでもどこでもユビキタス‘ケータイ’／神々のファウンデーション，アパタイト／エピローグ　- 反省会 -

持ちつ持たれつ　生き物とコンピュータ

生き物と科学技術の会 編

B6・146 頁
定価 1,029 円（税込）
ISBN978-4-485-30018-3
自然や生き物と科学技術についての，“へぇ～”なお話しが満載！

■内容　プロローグ／目は見るもの見られるもの／音と耳のなぜなぜ教室／聖徳太子風コンピュータ／脳の活動を目で見よう／電気仕掛けのヒトとコンピュータ／もっと光を！　もっと情報を！ - マルチメディア社会 - ／コンピュータになりたいくらい，しかし…／人に優しいコンピュータであるために／エピローグ　反省会

くるくるくるりんまなぶくん
まなぶくんの一日

立田真文／ルー大柴 著

B6・70 頁
定価 830 円（税込）
ISBN978-4-485-30051-0
暮らしの中にある「もったいない」を見つけよう！　もったいないの心をみんなに伝えたいんだ！　だから分かりやすくマンガで書いたよ！　毎日の暮らしの中で環境問題をもう一度考え直す本だよ！

■内容　ウンチさんはエサなんだ！／歯磨きは虫歯菌のエサを掃除することなんだ／水も大切にしなければならないんだ／ウンチが臭いのはあたりまえなんだ／「いただきます！」はありがとうの気持ちなんだよ／キャップやワッカはいろいろなところが集めているよ／他

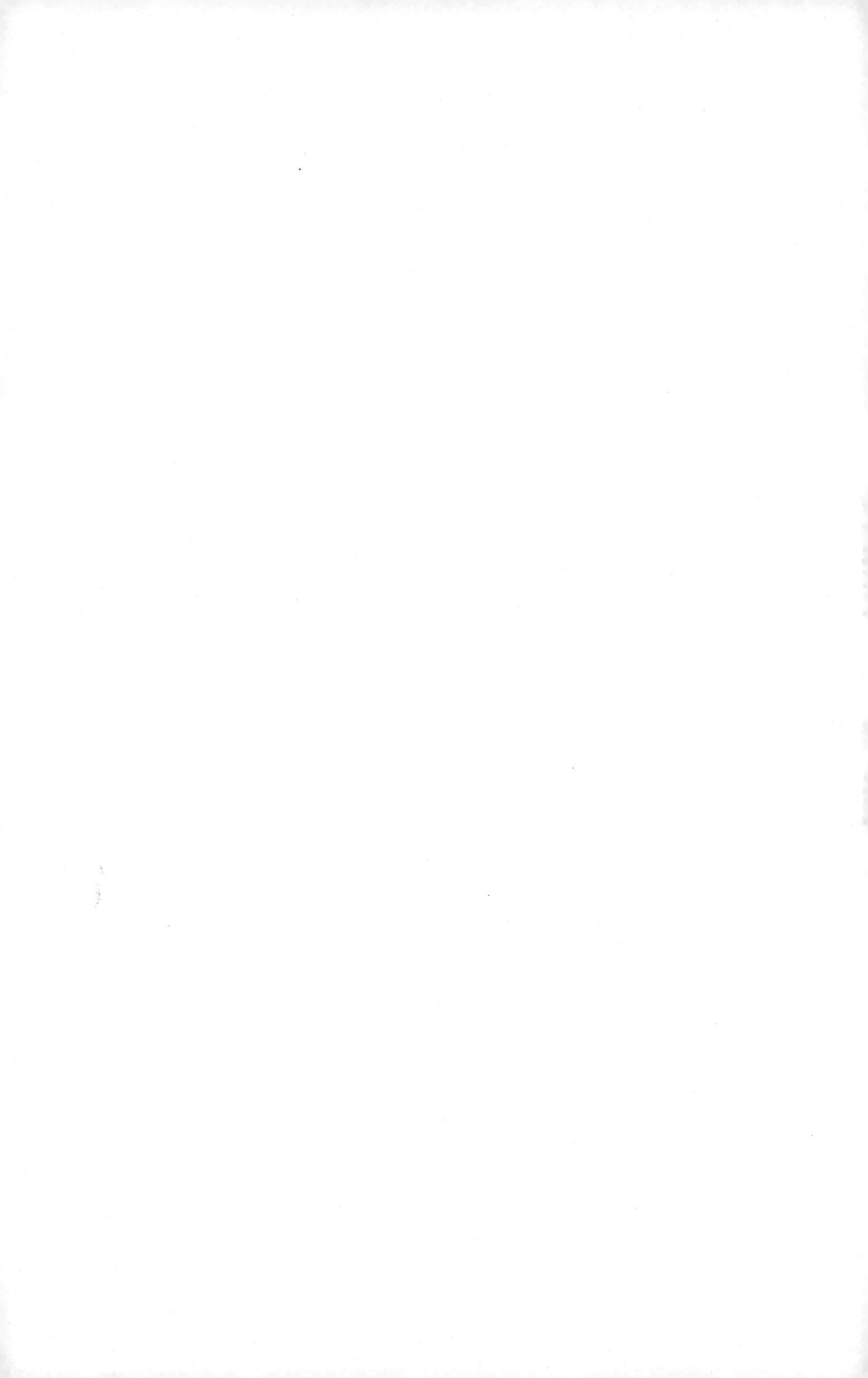